安全生产"谨"上添花图文知识系列手册

安全生产基础知识宣传教育手册

东方文慧　中国安全生产科学研究院　编

中国劳动社会保障出版社

图书在版编目（CIP）数据

安全生产基础知识宣传教育手册/东方文慧，中国安全生产科学研究院编. —北京：中国劳动社会保障出版社，2012
安全生产“谨”上添花图文知识系列手册
ISBN 978-7-5045-9526-3

Ⅰ. ①安… Ⅱ. ①东…②中… Ⅲ. ①安全生产-安全教育-手册 Ⅳ. ①X925-62

中国版本图书馆CIP数据核字（2012）第038474号

中国劳动社会保障出版社出版发行
（北京市惠新东街1号 邮政编码：100029）
出版人：张梦欣
*
北京市艺辉印刷有限公司印刷装订 新华书店经销
880毫米×1230毫米 32开本 4.375印张 92千字
2012年3月第1版 2022年1月第17次印刷
定价：20.00元

读者服务部电话：（010）64929211/84209101/64921644
营销部电话：（010）64962347
出版社网址：http://www.class.com.cn

编委会名单

序

生产经营单位发生的大量事故，促使人们探求事故发生的原因及规律，建立事故发生的模型，以指导事故的预防，减少或避免事故的发生，于是就有了事故致因理论。

各种事故致因理论几乎都有一个共识：人的不安全行为与物的不安全状态是事故的直接原因。无知者无畏，不知道危险是最大的危险。人为失误、违章操作是安全生产的大敌。有资料表明，工矿企业80%以上的事故是由于违章引起的。因此，即使在现有的设备设施状况、作业环境、管理水平下，如果大幅度减少违章，安全生产状况也会有显著改善。

作业人员的遵章守纪，是安全生产的重要前提之一，其重要性不言而喻。企业员工要具备与自己的工作岗位相适应的生理、心理与行为条件，要具有熟练的操作技能，还应具备故障监测与排除、事故辨识与应急操作、事故应急救援等技能。这就是打造所谓“本质安全人”的基本要求，这也是企业面临的重要而艰巨的任务。

多年来，东方文慧为“本质安全人”奉献了大量优秀的安全文化产品。新年伊始，又策划出版了“安全生产‘谨’上添花图文知识系列手册”，这是一件十分有意义的事情。通过安全生产知识的学习，对提高广大员工的安全素质将会起到重要作用。

系列手册包括了《安全生产基础知识宣传教育手册》《作业现场安全知识宣传教育手册》《消防安全知识宣传教育手册》《全民公共安全知识宣传教育手册》《员工安全行为规范宣传教育手册》5个分册，内容翔实，图文并茂，通俗易懂，是企事业单位安全生产培训与宣教以及职工自主学习的优秀资源。

我相信，系列手册的出版将会为企业的安全生产增砖添瓦。我愿意将系列手册推荐给广大职工，同时将我的祝福送给各位朋友：平安相随，幸福相伴！

赵云胜

2012年2月20日

目录

第一章

基础知识提高安全素养 法律法规为您保驾护航

第一节　知晓安全生产基本概念

一、谨记安全定义

安全生产是指社会生产活动中，通过人、机、物、环的和谐运作，使生产过程中潜在的各种事故风险和伤害因素始终处于有效控制状态，切实保障劳动者的生命安全和身体健康。

安全妙语"谨"上添花：

安全生产很重要　　事故伤害常存在
人机物环要和谐　　作业人员记心间

二、安全生产在我身边

1. 安全是什么

安全，泛指没有危险、不出事故的状态。汉语中有“无危则安，无缺则全”的说法；安全的英文为safety，译作健康与平安之意；《韦氏大词典》对安全的定义为：“没有伤害、损伤或危险，不遭受危害或损害的威胁，或免除了危害、伤害或损失的威胁。”

生产过程中的安全，即生产安全，指的是“不发生工伤事故、职业病、设备或财产损失”。

工程上的安全性，是用概率表示的近似客观量，用以衡量安全的程度。

系统工程中的安全概念，认为世界上没有绝对安全的事物，任何事物中都包含有不安全因素，具有一定的危险性。安全是一个相对的概念，是一种模糊数学的概念；危险性是对安全性的隶属度；当危险性低于某种程度时，人们就认为是安全的。

2. 本质安全是什么

本质安全是指设备、设施或技术、工艺含有内在的能够从根本上防止发生事故的功能。具体包括两方面的内容：

▲失误—安全功能。

指操作者即使操作失误，也不会发生事故或伤害，或者说设备、设施或技术、工艺本身具有自动防止人的不安全行为的功能。

▲故障—安全功能。

指设备、设施或生产工艺发生故障或损坏时，还能暂时维持正常工作或自动转变为安全状态。

上述两种安全功能应该是设备、设施或技术、工艺本身所固有的，即在它们的规划设计阶段就被纳入其中，而不是事后补偿的。

本质安全是生产中“预防为主”方针的根本体现，也是安全生产的最高境界。实际上，由于技术、资金和人们对事故的认识等原因，目前还不能完全做到本质安全，只能作为追求的目标。

三、杜绝安全事故　根除事故隐患

1. 什么是事故

《现代汉语词典》将“事故”解释为意外的损失或灾祸（多指在生产、工作上发生的）。如在企业生产中，发生有毒有害气体泄漏，引起作业人员急性中毒，即发生了生产安全事故。

在生产过程中，事故是指造成人员死亡、伤害、职业病、财产损失或其他损失的意外事件。从这个解释中可以看出，事故是意外事件，是人们不希望发生的；同时，该事件产生了违背人们意愿的后果。如果事件的后果是人员死亡、受伤或身体损害就称为人员伤亡事故，如果没有造成人员伤亡就是非人员伤亡事故。

事故的分类方法有很多种，我国在工伤事故统计中，按照《企业职工伤亡事故分类标准》（GB/T 6441—1986）将企业工伤事故分为 20 类，分别为物体打击、车辆伤害、机械伤害、起重伤害、触电、淹溺、灼烫、火灾、高处坠落、坍塌、冒顶片帮、透水、放炮、瓦斯爆炸、火药爆炸、锅炉爆炸、容器爆炸、其他爆炸、中毒和窒息及其他伤害等。

安全妙语“谨”上添花：

安全事故是意外　　我们把它来剔除
群死群伤要避免　　希望大家要牢记

2. 什么是事故隐患

事故隐患泛指生产系统中可能导致事故发生的人的不安全行为、物的不安全状态和管理上的缺陷。

在生产过程中，人们凭着对事故发生与预防规律的认识，可制定生产过程中物的状态、人的行为和环境条件的标准、规章、规定、规程等。如果生产过程中物的状态、人的行为和环境条件不能满足这些标准、规章、规定、规程等，就可能发生事故。

事故隐患分类非常复杂，它与事故分类有着密切关系，但又不同于事故分类。本着尽量避免交叉的原则，综合事故性质分类和行业分类，考虑事故起因，可将事故隐患归纳为21类，即火灾、爆炸、中毒和窒息、水害、坍塌、滑坡、泄漏、腐蚀、触电、坠落、机械伤害、煤与瓦斯突出、公路设施伤害、公路车辆伤害、铁路设施伤害、铁路车辆伤害、水上运输伤害、港口码头伤害、空中运输伤害、航空港伤害和其他类隐患等。

安全妙语“谨”上添花：

事故隐患是猛虎　违章行为危害大
牢记标准和规程　我们尽力避免它

四、需要了解的危险和危险源

1. 什么是危险

根据系统安全工程的观点，危险是指系统中存在导致发生不期望后果的可能性超出了人们的承受程度。从危险的概念中可以看出，危险是人们对事物的具体认识，必须指明具体对象，如危险环境、危险条件、危险状态、危险物质、危险场所、危险人员、危险因素等。

2. 什么是危险源

从安全生产的角度解释，危险源是指可能造成人员伤害、疾病、财产损失、作业环境破坏或其他损失的根源或状态。从这个意义上讲，危险源可以是一次事故、一种环境、一种状态的载体，也可以是可能产生不期望后果的人或物。

例如，液化石油气在生产、储存、运输和使用过程中，可能发生泄漏，引起中毒、火灾或爆炸事故，因此，充装了液化石油气的储罐就是危险源。又如，原油储罐的呼吸阀已经损坏，储罐储存了原油后，有可能因呼吸阀损坏而发生事故，因此，损坏的原油储罐呼吸阀就是危险源。

3. 什么是重大危险源

为了对危险源进行分级管理，防止重大事故发生，提出了重大危险源的概念。从广义上说，可能导致重大事故发生的危险源就是重大危险源。

《安全生产法》和《重大危险源辨识》(GB 18218—2000)对重大危险源作出了明确的规定。《安全生产法》第九十六条规定："重大危险源，是指长期地或者临时地生产、搬运、使用或者储存危险物品，且危险物品的数量等于或者超过临界量的单元(包括场所和设施)。"

安全妙语"谨"上添花：

危险来自源头上　小小环节勿忽视
破坏巨大损失重　悉心检查更安全

第二节　学习安全生产法律法规

一、安全生产法律法规基本知识

改革开放以来，我国相继制定并颁布了近20部有关安全生产方面的法律和行政法规，如《海上交通安全法》《铁路法》《矿山安全法》《民航法》《煤炭法》《公路法》《建筑法》和《消防法》等。这些法律和行政法规对依法加强安全生产管理工作发挥了重要作用，促进了安全生产法制建设。

2002年，为全面、完整地反映国家关于加强安全生产监督管理的基本方针、基本原则，确定对各行业、各部门和各类企业普遍适用的安全生产基本管理制度，并对安全生产管理中普遍存在的共性的、基本的法律问题作出统一规范，全国人大颁布实施了《安全生产法》。

以《安全生产法》为核心，包括法律、行政法规、部门规章及地方性安全生产法规和规章在内的我国安全生产法律体系正在逐步建立并完善。

安全妙语“谨”上添花：

安全知识学习勤　法规制度记心中
依法生产保安全　安全时刻记心间

二、历年来自上而下的安全生产行政纲要

1.《国务院关于进一步加强安全生产工作的决定》

2004年《国务院关于进一步加强安全生产工作的决定》提出要完善政策，大力推进各项安全生产工作。

（1）加强产业政策引导。

（2）加大政府对安全生产的投入。

（3）深化安全专项整治。

（4）健全完善安全生产法制。

（5）建立安全生产应急救援体系。

（6）加强安全生产科研和技术开发。

2. 12 项治本之策

2005 年，在第 116 次国务院常务会议上，确定了加强安全生产工作的 12 项治本之策。

（1）制定规划，建立和完善安全生产指标和控制体系。

（2）加强行业管理，制定行业安全标准和规程。

（3）增加投入，扶持重点行业。

（4）推动安全科技进步，落实项目、资金。

（5）建立完善经济调控政策。

（6）加强教育培训，规范招工用工。

（7）加快立法。

（8）建立安全生产激励、约束机制。

（9）强化企业主体责任。

（10）严肃查处问责。

（11）加强社会监督。

（12）完善监管体制，加快应急救援体系建设。

3．开展“安全生产年”活动

2009年，国务院在全国安全生产电视电话会议上提出深入开展“安全生产年”活动，扎实开展安全生产宣传教育、安全生产执法、安全生产治理“三项行动”，切实加强安全生产法制机制、安全生产能力、安全生产监管队伍“三项建设”，促进安全生产形势稳定好转。

4．《国务院关于进一步加强企业安全生产工作的通知》

2010年，国务院颁布了《关于进一步加强企业安全生产工作的通知》（以下简称《通知》），强调了以下事项：

（1）严格企业安全管理。

（2）建设坚实的技术保障体系。

（3）实施更加有力的监督管理。

（4）建设更加高效的应急救援体系。

（5）严格行业安全准入。

（6）加强政策引导。

（7）更加注重经济发展方式转变。

（8）实行更加严格的考核和责任追究。

▲《通知》中明确的严格企业安全管理，要求企业做到：

（1）健全完善严格的安全生产规章制度，对生产现场监督检查，严格查处违章指挥、违规作业、违反劳动纪律的“三违”行业。

（2）及时排查治理安全隐患。企业要经常性地开展安全隐患排查，并切实做到整改措施、责任、资金、时限和预案“五到位”。

（3）强化安全生产的领导责任，企业主要负责人和领导班子成员要轮流现场带班。

（4）强化职工安全培训。企业主要负责人和安全生产管理人员、特殊工种人员持职业资格证书上岗。

（5）全面开展安全达标。深入开展以岗位达标、专业达标和企业达标为内容的安全生产标准化建设，凡在规定时间内未达标的企业要依法暂扣生产许可证、安全生产许可证，责令停产整顿；对整改逾期未达标的，地方政府要依法予以关闭。

▲针对重大危险源和重大隐患，《通知》要求企业要报当地安全生产监管监察部门、负有安全生产监管职责的有关部门和行业管理部门备案。企业应急预案要与当地政府应急预案保持衔接，并定期进行演练。赋予企业生产现场带班人员、班组长和调度人员在遇到险情时第一时间下达停产撤离命令的直接决策权和指挥权。

▲《通知》要求各行业管理部门和负有安全生产监管职责的有关部门加快制定生产、安全技术标准，制定和实施高危行业从业人员资格标准。对实施许可证管理制度的危险作业要制定落实专项安全技术作业规程和岗位安全操作规程。把符合安全生产标准作为高危行业企业准入的前置条件，实行严格的安全标准核准制度。矿山建设项目和用于生产、储存危险品的建设项目，应当分别按照国家有关规定进行安全条件论证和安全评价，严把安全准入关。

▲依托科研院所，结合事业单位改制，推动安全生产评价、技术支持、安全培训、技术改造等服务性机构的规范发展。专业服务机构对相关评价、鉴定结论承担法律责任，对违法违规、弄虚作假的，要依法依规从严追究相关人员和机构的法律责任，并降低和取消相关资质。

▲“十二五”期间，我国将建立完善企业安全保障、政府监管和社会监督、安全科技支撑、法律法规和政策标准、应急救援、宣教培训等“六大体系”，提高企业本质安全水平和事故防范、监察执法和群防群治、技术装备安全保障、依法依规安全生产、事故救援和应急处置、从业人员安全素质和社会公众自救互救等“六个能力”。

安全妙语“谨”上添花：

安全工作很重要　　了解掌握新政策
自上而下不放松　　自身学习要提高

第三节　行使安全生产权利 履行安全生产义务

一、“安全第一，预防为主，综合治理”是我国的安全生产方针

▲安全第一是指树立观念、明确认识。

▲预防为主是指行为方式方法。

▲综合治理是指要求用系统安全的理念，标本兼治，重在治本。即综合利用科技手段、法律手段、经济手段、必要的行政手段，从发展规划、行业管理、安全投入、科技进步、经济政策、教育培训、安全立法、激励约束、企业管理、监管体制、社会监督以及事故责任追究、违法违纪查处等方面入手，解决影响制约我国安全生产的历史性、深层次问题，做到思想认识上警钟长鸣，制度保证上严密有效，技术支撑上坚强有力，监督检查上严格细致，事故处理上严肃认真。

安全妙语“谨”上添花：

方针不是空口号　主次分明保安全
具体内容要记牢　严肃认真来践行

二、从业人员安全生产基本权利和义务

《安全生产法》及其相关法律法规对从业人员的安全生产基本权利和义务作了规定。

1．从业人员安全生产的权利

▲劳动合同保障权。生产经营单位与从业人员订立的劳动合同，应当载明有关保障从业人员劳动安全、防止职业危害的事项，以及依法为从业人员办理工伤保险的事项。生产经营单位不得以任何形式与从业人员订立协议，免除或减轻其对从业人员因生产安全事故伤亡依法承担的责任。

▲危险、有害因素的知情权、建议权。生产经营单位的从业人员有权了解其作业场所和工作岗位存在的危险因素、防范措施及事故应急措施，有权对本单位的安全生产工作提出建议。

▲批评、检举、控告权。从业人员有权对安全生产工作中存在的问题提出批评、检举、控告。生产经营单位不得因此而降低其工资、福利等待遇，或者解除与其订立的劳动合同。

▲对违章指挥、强令冒险作业的拒绝权。从业人员对生产经营单位违反法规、强制性国家标准和安全生产规章制度的指挥、指令以及强令冒险作业等，有权拒绝执行。

▲紧急情况下停止作业的避险权。从业人员发现直接危及人身安全的紧急情况时，有权停止作业，并在采取可能的应急防范措施后从作业现场撤离。

▲事故人身伤害赔偿权。因生产安全事故受到伤害的从业人员，除依法享有工伤保险外，依照民事法律尚有获得赔偿的权利的，有权向本单位提出赔偿要求。

▲获得符合标准的劳动防护用品的权利。生产经营单位必须为从业人员提供符合国家标准或行业标准的劳动防护用品，并监督、教育从业人员按照使用规则佩戴、使用。

▲获得安全教育和培训的权利。生产经营单位应当对从业人员进行安全生产教育和培训，保证从业人员具备必要的安全生产知识，熟悉有关安全生产规章制度和操作规程，掌握本岗位的安全操作技能。

2. 从业人员安全生产的职责和义务

▲严格遵守本单位的安全生产规章制度和操作规程，服从管理，正确佩戴和使用劳动防护用品。

▲应当接受安全生产教育和培训，掌握本职工作所需的安全生产知识，提高安全生产技能，增强事故预防和应急处理能力。

▲发现事故隐患或者其他不安全因素，应当立即向现场安全生产管理人员或本单位负责人报告。

▲自觉遵守劳动纪律、职业道德、依法订立的厂规厂纪，爱岗敬业，钻研业务技术，提高工作效率和服务质量。

第二章

积极投身安全建设 企业发展员工受益

第一节 员工与安全生产标准化

一、我的安全生产标准化

1．安全生产标准化的由来

为进一步落实企业安全生产主体责任，加强企业安全生产规范化建设，国家安全生产监督管理总局发布了《企业安全生产标准化基本规范》（AQ/T 9006—2010）。该规范采用了国际通用的计划、实施、检查、改进动态循环的现代安全管理模式，对企业安全生产工作的组织机构、安全投入、安全管理制度、隐患排查和治理、重大危险源监控、绩效评定和持续改进等方面的内容作了具体规定。

2. 我与安全生产标准化的距离有多远

▲ 成熟的安全生产标准化：

（1）有利于进一步落实员工安全生产主体责任。

（2）有利于进一步推进员工规范化生产工作。

（3）有利于进一步促进安全生产法律法规的贯彻落实。

员工要进一步明确自己的安全生产标准化工作要干什么和怎么干，能更好地定位自己在企业中的安全生产主体责任。

▲ 员工安全生产标准化具体工作要点：

（1）明确安全生产责任制。

（2）参与制定并遵守安全制度。

（3）参与制定并遵守操作规程。

（4）提交排查治理隐患的措施及具体实施细则。

（5）协助企业监测排查重大危险源。

（6）遵守已经建立的预防机制。

（7）时刻督促自己规范生产行为。

使各生产环节符合有关安全生产法律法规和标准规范的要求，人、机、物、环处于良好的生产状态并持续改进，不断加强企业安全生产规范化建设。

▲员工安全生产标准化目标：用科学的方法和手段，提高自身安全意识，创造安全作业环境，规范自己的安全行为，使人、机、物、环达到最佳的统一，从而实现最大限度地防止和减少伤亡事故的目的。

▲开展安全生产标准化工作应遵循的方针是“安全第一，预防为主，综合治理”。以隐患排查治理为基础，减少事故发生，提高安全生产水平，保障人身安全健康，保证生产经营活动顺利进行。

二、大家的安全生产标准化

1．为确立的安全生产标准化目标服务

员工应服从企业制定的总体和年度安全生产目标，并坚决执行企业在生产经营活动中制定的安全生产指标和考核办法。

2．为确立的安全生产标准化岗位负责

员工应服从企业的安全管理。生产经营单位主要负责人按照

法律法规赋予的职责，全面负责安全生产工作，并履行安全生产义务。员工应在企业的领导下明确自身的安全生产职责。

3. 为确立的安全生产标准化投入精打细算

员工应对生产经营单位按规定支付的安全费用负责，专人管理，专项用于安全生产，并建立安全费用台账。

4. 积极学习并深入执行安全生产法律法规、标准规范

员工应积极学习生产经营单位适用的安全生产法律法规、标准规范。生产经营单位也应将适用的安全生产法律法规、标准规范转化为本单位的规章制度，传达给从业人员，并贯彻到各项工作中去。

5. 积极投身安全生产标准化教育培训

▲生产经营单位确定的安全教育培训主管部门，要按规定及岗位需要，定期识别安全教育培训需求，制订、实施安全教育培训计划，提供相应的资源保证。应做好安全教育培训记录，建立安全教育培训档案，实施分级管理，并对培训效果进行评估和改进。

▲生产经营单位岗位操作人员应积极参与安全教育和生产技能培训，使自身熟悉有关的安全生产规章制度和安全操作规程，并确认能力符合岗位要求。未经安全教育培训，或培训考核不合格的从业人员，不得上岗作业。

6. 积极进行安全生产标准化生产设施维护

▲生产经营单位建设项目的所有设备设施应符合有关法律法规、标准规范的要求；安全设备设施应与建设项目主体工程同时设计、同时施工、同时投入生产和使用。生产设备设施变更应执行变更管理制度，履行变更程序，并对变更全过程进行隐患控制。

▲生产经营单位应对设备设施进行规范化管理，保证其安全运行。由专人负责管理各种安全设施，建立台账，定期检修、维修。对安全设备设施应制订检修、维修计划。设备设施检修、维修前应制订检修、维修方案，检修、维修方案应包含作业行为分析和控制措施等内容，检修、维修过程应执行隐患控制措施并监督检查。安全设备设施不得随意拆除、挪用或弃置不用；确因检修、维修需要临时拆除的，应采取临时安全措施，检修完毕后立即复原。

▲设备的设计、制造、安装、使用、检测、维修、改造、拆除和报废，应符合有关法律法规、标准规范的要求。执行生产设备设施到货验收和报废管理制度。应使用质量合格、设计符合要求的生产设备设施。拆除的设备设施应按规定进行处置。拆除的设备设施涉及危险物品的，须制订危险品处置方案和应急措施，并严格按照规定组织实施。

7. 积极改善作业环境，力求安全

对生产过程及物料、设施、器材、通道、作业环境等存在的隐患，应进行分析和控制。对动火作业、起重作业、受限空间作业、临时用电作业、高空作业等危险性较高的作业活动实施作业许可管理，严格履行审批手续。作业许可证应包含危险因素分析和安全措施等内容。对于吊装、爆破等危险作业，应当安排专人进行现场安全管理，确保安全规程的遵守和安全措施的落实。

▲作业行为管理：生产经营单位应加强作业行为的安全管理。对作业行为隐患、设备设施使用隐患、工艺技术隐患等进行分析，采取控制措施，实现人、机、物、环的和谐统一。

▲相关方管理：生产经营单位应执行承包商、供应商等相关方管理制度，对其资格预审、选择、服务前准备、作业过程、提供的产品、技术服务、表现评估、续用等进行管理。建立合格相关方名录和档案，根据服务作业行为定期识别服务行业风险，并采取行之有效的控制措施。对进入同一作业区的相关方进行统一安全管理。不得将项目委托给不具备相应资质或条件的相关方。生产经营单位和相关方的项目协议应明确规定双方的安全生产责任和义务，或签订专门的安全协议，明确双方的安全责任。

▲变更管理：变更的实施应履行审批及验收程序，并对变更过程及变更所产生的隐患进行分析和控制。

8. 积极进行安全生产标准化隐患排查和治理

生产经营单位应组织事故隐患排查工作，对隐患进行分析评估，确定隐患等级，登记建档，及时采取措施加以处理。

▲排查前提及依据：法律法规、标准规范发生变更或有新的内容公布，操作条件或工艺改变，新建、改建、扩建项目建设，相关方进入、撤出或改变，对事故、事件或其他信息有新的认识，组织机构发生大的调整等。

▲排查范围和方法：范围涉及所有与生产经营相关的场所、

环境、人员、设备设施等。方法是指生产经营单位应根据安全生产的需要和特点，采取综合检查、专业检查、季节性检查、节假日检查、日常检查、专项检查等方式进行隐患排查。

▲隐患治理：根据隐患排查结果，制订隐患治理方案，对隐患及时进行治理。方案包括目标和任务、方法和措施、经费和物质、机构和人员、时限和要求。重大事故隐患在治理前应采取临时控制措施并制订应急预案。隐患治理措施包括工程技术措施、管理措施、教育措施、防护措施和应急措施。治理完成后，应对治理情况进行验证和效果评估。

▲预警机制：生产经营单位应根据生产经营状况及隐患排查治理情况，运用定量的安全生产预测预警技术，建立体现本单位

安全生产状况及发展趋势的预警指数系统。

9. 积极进行安全生产标准化重大危险源监控

生产经营单位应根据国家重大危险源有关标准对本单位的危险设施或场所进行重大危险源辨识与安全评估。对构成国家规定的重大危险源应及时登记建档，并按规定向政府有关部门备案。生产经营单位应建立健全重大危险源安全管理制度，制定重大危险源安全管理技术措施。

10. 积极进行安全生产标准化职业健康培训

▲生产经营单位应根据有关法律法规、标准规范的要求，为从业人员提供符合职业健康要求的工作环境和条件，配备与职业健康保护相适应的设施、工具。定期对作业场所的职业危害进行检测，在检测点设置标志牌予以告知，并将检测结果记入职业健康档案。

▲对可能发生急性职业危害的有毒有害工作场所，应设置报警装置，制订应急预案，配置现场急救用品、设备，设置应急撤离通道和必要的泄险区。

各种防护器具应定点存放在安全、便于取用的地方，并设专人负责保管、定期校验和维护。应对现场急救用品、设备和防护用品进行经常性的检修、维修，定期检测其性能，确保其处于正常使用状态。

▲职业危害告知和警示：生产经营单位与从业人员订立劳动合同时，应将工作过程中可能产生的职业危害及其后果和防护措施如实告知从业人员，并在劳动合同中写明。生产经营单位应采

取有效的方式对从业人员及相关方进行宣传，使其了解生产过程中的职业危害及预防和应急处理措施，降低或消除危害后果。对存在严重危害的作业岗位，应设置警示标识和警示说明。警示说明应载有职业危害的种类、后果、预防和应急救治措施等内容。

▲职业危害申报：生产经营单位应按规定及时、如实地向当地主管部门申报生产过程中存在的职业危害因素，并依法接受其监督。

11. 积极参与安全生产标准化应急救援培训与演练

生产经营单位应建立安全生产应急管理机构，或指定专人负责安全生产应急管理工作。建立与本单位生产特点相适应的专、兼职应急救援队伍，或指定专、兼职应急救援人员并组织训练；无须建立应急救援队伍的，可与附近具备专业资质的应急救援队伍签订服务协议。

▲应急预案：生产经营单位应按规定制订生产安全事故应急预案，形成体系，应按规定报当地主管部门备案，并通知有关应急协作单位。应急预案应定期评审，并根据评审结果和实际情况的变化进行修订和完善。

▲应急设施、物资：生产经营单位应按规定建设应急设施，配备应急物资，并进行经常性的检查、维护、保养，确保其完好可靠。

▲应急演练：生产经营单位应组织生产安全事故应急演练，并对演练效果进行评估，根据评估结果，修订、完善应急预案，改进应急管理工作。

▲事故救援：发生事故后，应立即启动相关应急预案，积极

开展事故救援工作。

12. 积极配合安全生产标准化事故调查与处理

生产经营单位发生事故后，应按规定及时向上级单位、政府有关部门报告，并妥善保护事故现场及有关证据，必要时向相关单位和人员通报。

事故调查和处理：发生事故后，应按规定成立调查组，明确其职责和权限，进行事故调查和配合上级部门的事故调查。事故调查应查明事故发生的时间、经过、原因和人员伤亡情况及直接经济损失等。事故调查组应根据有关证据、资料，分析事故的直接、间接原因和事故责任，提出整改措施和处理建议，编制事故调查报告。

安全妙语"谨"上添花：

安全教育与培训	应急救援勤演练
法规条文规程化	事故调查认真抓
生产设备勤维护	科学规范有奇效
危险隐患勤排查	安全生产标准化
职业健康有保证	企业安全需要它

第二节　员工与班组安全

一、员工与班组互动

1. 班组在安全生产方面具有的特点

班组是企业生产经营活动的基层单位。班组在安全生产方面具有以下特点：

▲班组单位小、人员少，不容易形成安全管理死角。

▲生产比较单一，工艺比较接近，员工在技术、操作以及安全生产方面有较多的共同语言。

▲班组成员在生产过程中经常会遇到安全问题，绝大多数安全问题需要靠自己开动脑筋、采取措施加以解决。

▲班组开展安全活动，容易召集、时间短、次数多、切合实际、针对性强，有利于迅速解决问题。

认识到班组在安全管理方面的这些特点，就可以采取适宜的工作方法、灵活的活动形式、有效的管理手段，促使班组每一名成员自觉遵守劳动纪律，不因违章操作而发生伤害事故。

2. 十分重要的班前会和班后会

每个班组在每日工作的开始实施阶段和结束总结阶段，应自始至终地认真贯彻“五同时”，即班组长在计划、布置、检查、总结、考核生产任务的同时，计划、布置、检查、总结、考核安全工作，即把安全指标与生产指标结合在一起进行检查考核。认真开好班前会和班后会，将安全工作列为班前会、班后会的重点内容，做到每日安全工作程序化，即班前布置安全，班后检查安全。经验证明，班前会、班后会开得是否卓有成效是衡量班组安全管理水平的一个显著标志，对于防止事故发生有重要作用。

3. 积极参加班前会

班前会是班组长根据当天的生产任务，结合本班组的人员（人数、各人的安全操作水平、安全思想稳定性）、物力（原材料、作业机具、安全用具）和现场条件、工作环境等，在工作开始前召开的班组会。为使班前会开得卓有成效，应注意以下几点：

▲班组长在向班组成员布置当天生产任务的同时，布置安全工作。其主要特点是时间短、内容集中、针对性强。它既区别于事故分析会，也不同于安全活动日。

▲明确班前会的内容。一般应包括：

（1）交代当天的工作任务，做出分工，指定负责人和监护人。

（2）告知作业环境情况。

（3）讲解使用的机械设备和工器具的性能及操作技术。

（4）做好危险点分析，告知可能发生事故的环节、部位和应采取的防护措施。

（5）检查督促班组成员正确穿戴和使用防护用品用具。

班组长要逐项交代清楚以上所述内容；对班组成员提出的疑问，要耐心地加以解释，使班组成员明白应该怎样做，不应该怎样做。

▲班前会是一种分析预测活动。要使之符合实际，具有针对性和预见性，就需要班组长在会前动一番脑筋。为此，班组长每天要提前到岗，查看上一班的工作记录，听取上一班班组长的交班情况，了解设备运行状况（有无异常现象和缺陷存在、是否进行过检修等），并进行现场巡回检查。班组长还要对当天的生产任

务、相应的安全措施，以及需要使用的工器具等做到心中有数；对承担生产任务的班组成员的技术能力、责任心等有足够的了解。

在全面了解情况的基础上，班前会才能突出“三交”（即交任务、交安全、交措施）和“三查”（即查工作着装、查精神状态、查个人安全用具），并根据当天生产任务的特点、设备运行状况、作业环境等，有针对性地提出安全注意事项。

▲跟踪验证。班组长在作业前交代的有关安全事项是否正确，必须在作业中去考察验证。符合实际的，要坚持下去；不符合实际的，要适时纠正；没有考虑到的，要重新加以考虑。对因故没有参加班前会的个别班组成员，会后班组长应对此人补课交底，防止发生意外。

4. 班后会是一天工作的良好总结

班后会是一天工作结束或告一段落，在下班前由班组长主持召开的班组会。班后会与班前会所采取的方式和准备解决的重点问题是不同的。班前会是以思想动员的方式，对即将作业涉及的安全工作进行分析预测，以便防患于未然。班后会则是以讲评的方式，对已经完成的安全工作情况进行总结、检查，并提出整改意见。班前会是班后会的前提和基础，班后会是班前会的继续和发展。

班后会的内容一般包括：

（1）简明扼要地小结完成当天任务和执行安全规程的情况，既要肯定好的方面，又要找出存在的问题和不足。

（2）对工作中认真执行规章制度、表现突出的班组成员进行表扬。对违章指挥、违章作业的人员视情节轻重和造成后果的大小，提出批评或处罚。

（3）提出整改意见和防范措施。班后会的鲜明特点是：能够及时发现问题和解决问题，针对性强，见效快。

有的放矢，做好准备。班组长要全面、准确地了解当天工作情况，特别是要把发现的不安全现象或造成的事故作为掌握的重点，在详细了解的基础上形成要点，使班后会的总结评比具有较强的说服力。同时，还要注意班后会讲评的方法，调动班组成员安全工作的积极性，增强自我保护意识和能力，帮助班组成员端正认识、克服消极情绪，达到安全生产的共同目的。

安全妙语"谨"上添花：

员工互动最重要　　各项工作记得牢
时常总结勤分析　　小小会议显奇效
积极参加成制度　　班组安全创新高

二、反习惯性违章活动

1. 什么是习惯性违章

习惯性违章是指固守旧有的不良作业传统和工作习惯，工作中违反有关规章制度、操作规程和操作方法的行为。

一些班组开展反习惯性违章活动多年，但只是把它作为一个口号，对于班组成员来说，还是不清楚何谓习惯性违章，原来怎样操作还是怎样操作，没有一丝改变。久而久之，习惯性违章就成为生产中最大的安全隐患。另外，习惯性违章行为有的容易界定，有的则深藏不露，极不容易判别，直到发生了事故，才分析出这是习惯性违章。职工很纳闷，每周、每月的安全检查为什么不说这是习惯性违章呢？因此，要深入到每一个岗位、每一个环节，让职工真正明白操作中的哪些行为属于习惯性违章。

2. 习惯性违章的分类及表现

▲作业性违章。职工的工作行为违反规章制度或其他有关规定，称为作业性违章。如进入生产场所不戴或未戴好安全帽，高处作业不系安全带；操作前不认真核对设备的名称、编号和应处的位置，操作后不仔细检查设备状态、仪表指示；未接到工作负责人许可工作的命令就擅自工作；热力设备检修时不泄压，转动设备检修时不按规定挂警告牌等。

▲装置性违章。设备设施、现场作业条件不符合安全规程和其他有关规定，称为装置性违章。如厂区道路、厂房通道无标志牌、警告牌，设备无标志牌，井、坑、孔、洞没有盖板、围栏、遮栏或不齐全，电缆不封堵，照明不符合要求，转动机械没有防护罩等。

▲指挥性违章。指挥性违章是指工作负责人违反劳动安全卫生法规、安全操作规程、安全管理制度，以及违反为保证人身、设备安全而制定的安全组织措施和安全技术措施所实施的违章指挥行为。

统计表明，习惯性违章作业、违章指挥是造成人身伤亡事故和误操作事故的主要原因。企业安全生产的基点在班组，因此，必须夯实班组安全工作的基础，必须加大反习惯性违章活动的力度。

3. 班组如何开展反习惯性违章活动

开展反习惯性违章活动的主要目的是杜绝人身死亡、重伤和误操作事故的发生，大幅度地减少轻伤事故。要从挖掘不安全苗头着手，抓异常、抓未遂。对操作班组而言，重点是防止机械卷轧、灼伤、高处坠落、触电误操作事故和厂内机动车安全事故。

▲引导职工认识习惯性违章的危害。习惯性违章是表面现象，支配它的思想根源是多种多样的。一种是麻痹思想，重视一般情况，忽视特殊情况。如安全操作规程规定，停电作业时必须先验电、后作业，而有的职工则认为这是多此一举。一般停电情况下，作业对象是不会带电的，但如果由于种种原因未能及时拉闸，一旦突然来电，后果不堪设想。另一种思想是怕麻烦、图省事，把

本应执行的程序减掉了。如巡回检查，不按规定的检查线路和项目进行，走马观花。在反习惯性违章活动中，只有让职工从以往的事故教训中深刻认识习惯性违章的危害和后果，根除习惯性违章的思想根源，才能促使其自觉地遵章守纪。

▲排查习惯性违章行为，制定反习惯性违章措施。首先，对本班组存在的习惯性违章行为进行认真细致的排查，要防止出现走过场、应付上级检查的情况。例如某企业一些班组，虽然墙上贴着企业发布的习惯性违章行为的警示，但由于这些班组没有认真结合自身问题进行排查，导致有的班组成员甚至不知道哪些行为属于习惯性违章。其次，要吸取其他企业、其他班组的事故教训，举一反三，排查本班组有无类似习惯性违章现象。在此基础上，制定出有效的反习惯性违章措施。

▲班组长要起好模范带头作用。由于习惯性违章是根深蒂固的，某些职工甚至没有意识到其错误所在，因此，纠正起来有一定的难度。这就要求班组长首先带头纠正自己的违章行为。随着机械化程度的提高，生产规模的扩大，一种不负责任的行为往往会造成整个生产线的瘫痪及人身伤亡事故，后果十分严重。因此，班组长在日常工作中不仅要经常对班组成员进行劳动安全卫生方面的宣传教育，发现习惯性违章或不按规章制度办事的行为，立即指出并责令其改正，而且还应当以身作则。如果班组长不能照章办事，甚至参与违章，很难设想他如何批评指正他人，又怎能被别人接受？所以，一个班组习惯性违章屡禁不止，班组长有不可推卸的责任。

▲加强对习惯性违章的处罚，引进纠正习惯性违章的激励机制。习惯性违章是屡教不改、屡禁不止的行为，它与偶尔发生的

违章行为是不同的。对屡禁屡犯者，应该“小题大做”，从重处罚。安全生产经验说明，安全工作中“严”是爱，“松”是害。《劳动法》《安全生产法》及其他有关安全生产的法律法规都制定了对事故责任单位和个人处罚的条款，通过惩处责任人，起到警示、教育广大职工群众的作用。同时，必要的处罚是保障安全规章制度实施、建立安全生产秩序的重要手段。如果人人都对习惯性违章望而生畏，何愁这种现象得不到遏制。

一般来说，因严重违章导致事故发生的由厂级有关部门给予行政处理。班组主要是对一般性违章违纪行为按厂规厂纪给予恰当的经济处罚。作为班组长，主要应做到两个“百分之百”，即对违章违纪行为百分之百登记并上报，对违章违纪者百分之百按规定进行经济处罚。工作中要做到公正公开、不偏不袒，即使是生产骨干，也应照章办事。对长期遵章守纪、督促别人纠正习惯性违章行为、积极消除事故隐患、避免事故发生的班组成员，应提请上级有关部门表彰奖励，做到奖罚分明。

4．反习惯性违章活动的注意事项

由于习惯性违章具有顽固性的特点，所以反违章活动是一项长期而艰巨的工作，不可能一蹴而就。只有常抓不懈，才会取得显著的效果。

▲要根据不同职工的特点，因人施教。习惯性违章大多发生在以下几种人身上：新入厂的职工，由于不知违章作业的危害，往往放松对自己的约束；有一定工作经验的老职工，习惯凭经验办事；胆大心粗的职工，往往不计后果，不听劝阻；法律观念不强的职工，明知故犯，知错不改。班组长只有针对性地开展工作，才能达到事半功倍的效果。

▲必须综合治理。开展标准化作业、坚持安全检查、实行安全监护制、采用高科技手段等，都有助于预防因习惯性违章而引起的事故。

▲为了杜绝违章行为，切实做到“反违章人人有责”，在反习惯性违章活动中，每个职工都应做到：明确活动的目的和意义，自觉加入到反违章的行列中，重新学习安全操作规程，从正反两方面典型事例中汲取经验教训，提高自己的安全意识和防护能力；当别人制止自己的违章行为时，应该虚心接受；当发现别人有违章行为时，要大胆劝阻并制止。

安全妙语“谨”上添花：

习惯违章不能要　　操作规程要严守
员工意识要加强　　物料安全最重要
消除隐患靠大家　　因人施教很有效

第三节　有序的作业现场是安全的保障

一、如何避免人的不安全行为

人在操作中的失误（或存在缺陷）是造成事故的直接原因之一。如因错开阀门使不应混合的化工原料混合而引起爆炸；因挂钩不妥，重物被吊起后突然落下致人伤亡；电工错把零线接在火线上造成事故；在禁火区违章动火引起火灾等，都是因误操作而引发事故的活生生的案例。

1. 出现不安全行为时的心理状态

人在操作中为什么会出现失误、错误呢？研究证明，作业人员进行不安全操作时，往往存在以下几种心理状态：

▲自认为有经验，作业绝对安全而进行。

▲没有意识到危险存在，或者没有估计到有危险而作业。

▲虽然感到有一些危险，但认为不要紧而冒险作业。

▲认为作业简单，无须按安全操作规程作业。

▲主观认为自己的操作方法是正确的，事故是由于别人及其他方面的错误引起的。

2. 人的不安全行为的类型

人的不安全行为，主要有以下几种类型：

▲操作失误，忽视安全，忽视警告。具体表现为：未经允许开动、关停、移动机器；开动、关停机器时未给信号；开关未锁紧，造成意外转动、通电或泄漏等；在机器运转时进行加油、修理、检查、调整、焊接、清扫等工作；忘记关闭设备，任意开动查封或非本工种的设备；忽视警告标志、基本信号；操作失误（如对按钮、阀门、扳手、把柄的操作出现了错误）；超限（如超载、超速、超期等）使用设备；酒后作业；作业时有分散注意力的行为；禁火区擅自动用明火或抽烟；非特种作业人员从事特种作业等。

▲用手代替工具进行操作。具体表现为：用手代替手动工具操作，用手清除切屑；用手拿着工件进行机加工，而不用夹具进行固定。

▲违规进入危险场所。冒险进入废弃使用的防空洞、地坑、压力容器及半封闭场所；接近无安全措施的漏料处；未经安全监察人员允许，进入油罐、气柜或井中；在起吊物下作业、停留；在绞车道、行车道上行走；非作业人员任意在危险、要害区域内逗留。

▲攀、坐不安全位置。主要是指攀、坐平台护栏、汽车挡板、吊车吊钩等不安全位置。

▲错误使用个人防护用品。具体表现为：该穿的不穿，如电气作业不穿绝缘鞋，电焊作业不穿白色帆布工作服；该戴的不戴，如高处作业不系安全带、不戴安全帽，在有颗粒飞溅的场合作业不戴防护镜，使用电动工具不戴绝缘手套；不该穿的乱穿，如铸造、锻造作业穿背心，在易燃易爆、明火、高温等场所穿化纤服装，高处作业穿硬底鞋；不该戴的乱戴，如戴手套操作旋转机床；不按规定穿戴好个人防护用品，如袖口未扎紧，衣扣没系好。

▲物品处置不当。特别是对易燃易爆危险品和有毒物品的储存、搬运、处置方法不当。

3. 控制人的不安全行为

不安全行为的存在有很多原因。其一，不安全行为初次发生时没有得到及时制止，久而久之，习惯成自然。如某车工在车削金属工件时未按规定佩戴护目镜，而班组长或其他班组成员却没有制止。一而再，再而三，他的脑海里便产生了戴与不戴护目镜无关紧要的观念。其二，人们在做事时总会有意无意地权衡代价和利益，认为安全行为付出的代价似乎很高，而不安全行为获得的利益也很高。在这种思想认识的支配下，员工便有可能去追求利益而不愿付出代价。如让一名员工佩戴保护装置去完成某项工作，而该员工则认为佩戴这种保护装置不仅耽误时间，而且操作不便。于是，为了迅速完成任务，往往置安全于不顾。其三，工作设施不完备。如作业工具不齐全，就有可能导致作业人员用手或不合适的工具操作。为避免人的不安全行为，可尝试采取如下做法：

▲告知危险。使作业人员了解、明确危险情况。例如，在危

险场所、事故易发岗位设置令员工一目了然的安全提示。

▲严格管理。对班组成员的工作行为要严格要求，及时纠正员工的每一个误操作，强制养成遵规守纪的工作习惯。

▲教育培训。加强教育，讲清安全作业的道理，养成安全操作的习惯。通过教育，培养作业人员良好的工作心态、严谨的工作作风、娴熟的工作技能和吃苦耐劳的精神风貌。

安全妙语“谨”上添花：

违章行为危害大　　操作规程要记牢
盲目自大隐患来　　冒险作业酿恶果
遵章操作守纪律　　安全相伴你我他

二、如何消除物的不安全状态

1. 物的不安全状态的类型

物的不安全状态，一般有以下几种类型：

▲防护、保险、信号等装置不全或存在缺陷。

▲设备、设施、工具、附件存在缺陷。

▲个人防护用品用具，如防护服、防护手套、护目镜、呼吸器官护具、听力器官护具、安全带、安全鞋等缺少或存在缺陷。

▲生产（施工）场所环境不良。

▲原材料、产品（或中间产品）因其本身的物理、化学性质，也会构成一定的危险性，即不安全状态。

作业现场由于存在这些物的不安全状态，随时都有可能发生事故。例如，人被高速运转的机器轧伤、轧死；人遭坠落物的打击而受到伤害；易燃易爆危险品在有火种、受碰撞的情况下引起火灾或爆炸；高温蒸汽的跑、冒、滴、漏潜藏着烫伤人的危险；化工生产管道的泄漏极有可能造成作业人员中毒、窒息；物体堆放不妥容易使通道不畅，本身又容易倒塌等，都是物的不安全状态对人和其他物体构成威胁的鲜明例子。

2. 消除物的不安全状态

物的不安全状态在生产过程中总是存在的，其本身是一个动态变化的过程。物的不安全状态经过人们的检查、发现和整改而被消除，但随着时间的推移、生产的不断进行，有可能重复出现或产生新的不安全状态。因此，对物的不安全状态的管理也是一项经常性的工作。班组要结合各自作业场所的特点，做好对物的不安全状态的管理。

▲经常对作业场所进行安全检查，及早发现问题，依靠本班组的力量及时整改或报告上级。

▲按规定进行设备和安全设施、防护装置的维护保养，使之始终保持良好的工作状态。

▲设备布置、物料堆放要尽可能地科学合理，保持通道畅通。

▲彻底清除与本班组无关的物品，及时清扫垃圾、废料，整理现场的原材料、产品和工具。

▲彻底消除火种等危险源。

▲正确穿戴和使用个人防护用品用具。

安全妙语“谨”上添花：

危险状态存隐患　经常检查促安全
设备缺陷酿险情　维护保养避事故

三、保持作业场所环境整洁、器具齐全

作业场所集结着机器设备、工具、器具、物料等生产资料和生产工具，保持作业场所整洁和布局合理，有利于提高生产效率和减少生产安全事故。

▲工完、料尽、场地清。作业场所物料放置要整齐；一切不用的、多余的物料应及时撤出工作场地，以免占据有用空间。废料更应及时清除，以免污染环境。建立良好的劳动环境，窗明几净、光线充足、噪声低、空气清新，有利于安全生产。

▲器具、工具、量具、设备附件要齐全、成套、好用，能有效发挥其存放零件、计算数量、工序运转三项功能。工器具的存放位置、传递线路和管理制度要做到配合适当、布局合理，使操作者拿取省力、使用方便，避免寻找，以减轻劳动强度，提高工作效率。工具、量具、刀具、检具等需存放在专用箱内，并定位存放，对号入座，便于使用。

▲班组应根据生产性质、工种、作业环境等生产实际情况，按规定和需要配备足够的、合格的安全工器具和劳动防护用品，并按有关规定进行管理、使用、检查和维修，不合格的要及时报修或更换。安全工器具虽属工器具的范畴，但其质量水平，如机械强度、绝缘性能、温度特性等，直接关系到人身或设备安全。使用中要对所有安全工器具实行定位管理，对号入座。使用班组要分门别类地建立安全工器具台账，做到账物相符、一一对应，并及时登记检验、试验日期及检验情况和结果。班组长或安全管理员应负责指导班组成员正确使用安全工器具，讲解其工作原理和性能，督促班组成员按规定穿戴个人防护用品，并加以妥善保管。

▲个人防护用品主要有安全帽、安全带、护目镜、绝缘鞋等，按工种发放给员工个人保管使用。对这类防护用品，要建立个人账卡，定期检验，并按规定期限发新换旧。对于工作服、手套、口罩、耳塞等劳动防护用品，班组长或安全管理员应根据班组成员从事的工种、作业条件和接触有毒有害物质的情况领取发放，要防止劳动防护用品变相成为人人都有的福利待遇。同时，班组长要为从事有毒有害作业、高温作业的班组成员领取保健品。

安全妙语“谨”上添花：

作业现场要整洁	防护用品勤检查
工完料尽场地清	环境舒适人人喜
工具归入专用箱	开开心心创效益

第四节　良好的自我学习与约束是安全的基础

一、注重自身安全心理

1. 增强安全意识的必要性

安全工作最根本的任务是激发每一位职工的主观意识，培养每一位职工的安全观念，这个问题在今天我们的安全工作中越来越重要。有些企业生产效益不错，各项规章制度也比较健全，但是控制不住事故，原因就是人的工作没有做好。具体来讲，是由于职工的安全意识不强，违反操作规程造成的。劳动安全工作的最终目的是保护劳动者不受到伤害。

要做到安全生产，其中最重要的工作是劳动者个人对安全有自觉的行动，有自我保护意识。尤其是刚进厂的新员工，更应加强劳动安全学习，进行安全技术培训后，方能上岗作业。

2. 新员工应主动接受安全生产思想教育

新员工刚刚进入工厂，对安全生产基本上处于无知状态。在这种情况下，要求其做好安全工作是不大现实的。因此，新员工接受安全生产思想教育是必不可少的。

安全生产思想教育的主要内容包括：

▲安全生产的概念。

▲安全生产的意义与任务。

▲安全生产的方针、政策、规程和制度的重要性及作用。

▲安全生产的法制要求。

通过对以上内容的学习，使自身认识安全生产这个客观事物，掌握和明确什么是安全生产；什么是“安全第一，预防为主，综合治理”的方针；要保证安全生产，为什么一定要制定各项政策，建立各种规程和制度，运用各种新技术等。

只有在思想上对安全生产有了正确的认识，才能为以后搞好安全生产打下基础。

安全妙语"谨"上添花：

心理安全是道坎　情绪不稳危险来
积极改善收获多　过度疲劳惹大祸
自我保护要做好　安全素质待提高
避免骄傲和自大　勤奋学习是捷径

二、影响安全生产的几种不良心理

企业职工的心理状态随着时代的变迁而逐渐变化，不少现象对安全生产产生深刻影响。因此，研究这些现象并采取相应的对策是保证安全生产的一项重要工作。就当前来说，影响企业安全生产最常见的职工心理状态大致有以下几种：

▲自我表现心理：这种心理在青年员工身上较突出，他们虽然进厂年限短、工作经验不足，但常常表现得很自信、很有把握，在别人面前喜欢展现自己的能力。有的不懂装懂，盲目操作；有的一知半解充内行，生硬作业；甚至有的充"好汉"，乱摸乱动。对这些好自我表现的行为，如果不及时加以纠正或制止，是很危险的。

▲"经验"心理：抱有这种心理的职工的特点是凭自己片面的"经验"办事，对别人合乎道理的劝告常常听不进去，经常说的话是："多少年来一直是这样干的，也没出事。"有的技术上有一套、工作热情很高的老员工发生事故，多数原因就在于过分相信"自我

经验”。

▲侥幸心理：完成一些操作，往往可以采取几种不同的方法，但有些安全操作方法则较为复杂。而存在侥幸心理的人从图省事出发，常把安全操作方法视为多余的，理由是“别的省事方法也不一定出事故”。把“不一定”这种“偶然”当做“一定”的“必然”。于是，对明明要注意的安全事项不予关注，明令严禁的操作方法他照样去做。这种人常常是出了事故才后悔莫及。

▲随众心理：这是一种较普遍的心理状态，绝大多数人在不同场合、不同环境下，都会有所表现。例如，一个铸工车间多数人是赤膊工作，而少数穿衣服作业的人也会跟着赤膊起来；又如，一个机械加工工段常有人戴手套操作机床，而且没有人去纠正，后来有这种违章行为的人越来越多。这就是不少单位有章不循，出现集体违章作业现象的原因。

▲逆反心理：这种心理状态常常出现在被管理者与管理者关系紧张的情况下。持这种心理的职工往往气大于理，他的指导思想常常是“你要我这样干，我非要那样做”。于是，由于逆反而违章作业，以致发生事故的不乏其例。

▲反常心理：人的情绪的形成通常受到生理、家庭、社会等多方面因素的影响。反映这种心理的现象很多，例如处于更年期的职工，有时会莫明其妙地表现出情绪烦躁，忘性大；夫妻间争吵后上班的职工，多数心情急躁或闷闷不乐；有孩子生病在家或有牵肠挂肚之事的职工，在岗位上会心神不定等。俗话说，一心不能二用，职工在反常心理得不到缓解的情况下工作，很容易出事故。

安全妙语“谨”上添花：

工作现场心气高　　盲目自信不可要
侥幸心理常惹祸　　循规蹈矩最重要

三、升华到情感层次的学习更有利于安全

新员工仅接受安全生产思想教育是不够的，还必须进行安全生产情感方面的学习。通过学习，促使自身对安全生产建立良好的情感和情绪，明白安全生产不是与己无关的事情，它是为劳动者的安全、健康谋幸福的学问，是劳动者自己的科学，是劳动者在实践中创造出来的。

同时，要懂得安全生产与个人安危、家庭幸福是密切相关的。

每个人都有家庭，自己遭受痛苦，亲人也必然跟着痛苦，甚至会带来一系列的问题，使家庭幸福成为空想。因工伤事故而造成家庭悲剧的事例屡见不鲜。我们说，“一人平安，全家幸福”就是这个道理。

另外，安全生产与集体荣誉也是紧密联系的。出了工伤事故，特别是重大工伤事故，即使其他方面做得非常出色，也评不上先进。新员工从进厂那天起，就成为工厂的一员。分配到车间、班组后，就是那个车间、班组的成员。所在车间、班组获得的荣誉，就是他自己获得的荣誉。作为集体中的一员，就应该有集体荣誉感，为集体荣誉作贡献。

总之，要用个人安危、家庭幸福、集体荣誉等来促使新员工对安全生产建立起良好的情感和情绪，搞好劳动安全。

安全妙语"谨"上添花：

爱厂如同爱护家　　作业不能情绪化
集体荣誉不可丢　　安全生产为大家

四、规章政策学习直接影响安全生产

1. 安全生产责任制的学习与体会

"安全生产，人人有责"，这是搞好安全生产工作的一项重要原则。为此，生产经营单位把安全生产责任制作为首要规则，规定了从厂长到各级干部以至员工在安全生产方面应负的责任。

员工的主要安全责任：

▲自觉遵守安全生产规章制度，不违章作业，并且要随时制止他人违章作业。

▲积极参加安全生产各项活动，主动提出改进安全生产工作的意见。

▲爱护和正确使用机器设备、工具及个人防护用品。

做好安全工作会遇到许多问题和困难，因此应接受安全意识方面的教育，知道应该坚持什么、反对什么，以及遇到挫折时有信心和勇气去克服。新员工应时刻牢记并严格履行安全生产责任制。

2. 遵规守纪与安全同行

为了做好安全工作，预防工伤事故的发生，每个工厂都制定了安全操作规程、制度、工艺规程、安全生产劳动纪律等。这些规程、制度和纪律，都是保证安全生产所不可缺少的。

为了保证工厂有良好的安全生产秩序以免工伤事故的发生，每位职工都应遵守工厂的劳动纪律。一般来说，工厂职工应做到以下几条：

▲上班作业首先要“一想、二查、三严”。

一想当天的生产作业中有哪些安全问题，可能会发生什么事故，怎样预防。

二查作业场所所使用的机器设备、工具、材料是否符合安全要求，上道工序有无事故隐患，如何排除，还要检查本岗位操作是否会影响周围人的安全，如何防范。

三严就是严格按照安全要求、工艺规程进行操作，严格遵守劳动纪律，不搞与生产无关的活动。

▲劳动防护用品要穿戴整齐。进入生产作业场所，必须按规定使用各种劳动防护用品，包括穿好工作服、戴好安全帽等。严禁穿背心、短裤、裙子、高跟鞋等不符合安全要求的衣着上岗。在有毒有害场所作业，还应按规定佩戴符合防护要求的用品等。

▲保持作业场所的文明整洁。原材料、零件、工夹具应摆放得井井有条，及时清除通道上的油泥、铁屑和其他杂物，保持通道畅通。

▲禁止在有毒有害作业场所饮食或吸烟。

工艺中的废油、废液不得随便倒入下水道，废渣不得随地倾倒，应按规定统一处理。

▲严守作业场所标识要求。凡挂有“严禁烟火”“有电危险”

“有人工作切勿合闸”等危险警告标志（即警示牌）的场所，或贴有安全色标的标记，都应严格遵守。严禁随意进入危险区域和乱动阀门、闸刀等。

安全规程、制度和纪律不是哪个人或哪个部门随便臆造的。它是以科学为依据，反映客观规律的，其中也包括总结前人用鲜血甚至生命换来的事故教训。例如在电气设备安全规程、制度中，规定人不得接近高压电气设备和线路，必须保持一定的距离。正是因为实践证明跨越这个安全距离，高压电气设备就会产生电弧放电，将人灼伤甚至致人死亡。这种用血的教训凝结成的安全规程、制度是极为宝贵的。

遵章守纪，维持工厂良好的安全生产秩序，是每位职工应尽的义务。如果每位职工都能从思想上重视安全生产，那么事故是可以避免的。

安全妙语“谨”上添花：

安全生产责任重　排查隐患齐努力
遵章守纪严律己　保持整洁不放松
爱护工具勤擦洗　避免事故防伤害

五、丰富的安全技术知识让你更安全

工伤事故统计资料表明，缺乏安全技术知识是新员工发生工伤事故的重要原因。因此，在对新员工进行安全心理教育的同时，还应向他们传授安全技术知识。

由于各个工厂的性质不同，员工从事的工种不同，所需要的安全技术知识也各不相同。对刚进厂的新员工来说，首先应了解和掌握一般员工都能接触到的、通用性强的安全技术知识。

安全技术知识主要包括电气、机械、起重、运输、压力容器、防火防爆、防尘防毒、安全色、安全标志等方面的内容。

安全妙语“谨”上添花：

安全技术种类繁　由浅入深齐掌握
努力学习勤思考　现场作业更安全

六、遵章守纪是安全生产基本方针落实的根本

职工遵章守纪是安全生产工作的基础。因此，劳动者在生产

过程中，不仅要有熟练的技艺，而且必须自觉遵守各项操作规程和劳动纪律，按规定标准进行操作，形成每个环节、每道工序、每个人应有的职责范围。如没有这些规范要求，劳动过程中就可能会发生混乱，对生产造成损失，给人身安全带来危害。

如果每个劳动者都能严守规章制度、劳动纪律，杜绝违章，做到在生产过程中既不伤害别人，也不伤害自己，同时不被别人伤害，真正杜绝“三违”行为，那么就能最大限度地减少和消除各类伤亡事故的发生，从而达到克服安全生产工作中的薄弱环节，切实解决安全生产工作中存在的各类问题的目的。

安全妙语“谨”上添花：

方针落实靠贯彻　　“三违”行为要不得
职责范围须明确　　安全根本记心间

七、遵章守纪从我做起

职工要做到遵章守纪，必须在安全生产工作中建立五个方面的约束机制。

▲法律约束——要把企业领导和职工的安全生产意识提高到安全生产法制观念的高度上来认识，使全体劳动者以国家现有的劳动安全卫生法律法规约束个人行为。

▲制度约束——企业必须根据其特点，建立完善的安全规章制度、安全操作规程及工艺规程，严格要求劳动者按制度和规章进行生产，提高全体劳动者安全生产的责任感。

▲标准约束——也就是企业的安全生产必须实现标准化，生产现场要做到统一标准，绝不能我行我素。对操作者、指挥者的要求都应该统一到一个标准上来，对安全生产的考核，也必须按统一标准进行。

▲检查约束——各级领导和安全管理人员要深入到安全生产现场，深入细致地进行安全生产检查，杜绝违章，发现问题应立即整改。同时，要使检查工作做到经常化、制度化、标准化。只要措施得力、落实到位，无论对领导、对员工都是一种良好的约束。

▲监督约束——要加强安全生产管理网络的监督作用，各级安全管理、监督人员的作用不可忽视，在各自巡视的范围内，预先发现、分析、判断或控制各种不安全因素，防止事故发生。监督也是一种自我约束。

安全妙语"谨"上添花：

遵章守纪我先行　　检查监督须抓紧
五大约束心中记　　时时刻刻不放松

八、承担安全生产责任　做好分内安全工作

1. 员工安全生产责任誓词

▲我要认真学习上级有关安全生产的指示、规定和安全规程，熟练掌握本岗位操作规程。

▲我要正确使用和妥善保管各种防护用品和消防器材。

▲上班时我要集中精力搞好安全生产，平稳操作，严格遵守劳动纪律和工艺纪律，认真做好各种记录，不串岗、脱岗，不在岗位上睡觉、打闹或做其他违反纪律的事情，对他人违章作业行为加以劝阻和制止。

▲我要认真执行岗位责任制，拒绝一切违章作业指令，必要时越级向上汇报。

▲我要严格执行交接班制度，发生事故时要及时抢救处理，保护好现场，并如实地向领导汇报。

▲我要加强巡回检查并及时发现和消除事故隐患，自己不能处理的立即报告。

▲我要积极参加安全活动，提出有关安全生产的合理化建议。

2. 员工安全实务

▲认真履行岗位安全职责，对本岗位的安全生产负直接责任。

▲认真学习和自觉遵守安全生产规章制度、劳动纪律，严格遵守安全操作规程，不违章作业，及时制止他人违章作业行为。

▲精心作业，做好各项原始记录，交接班必须交接安全生产情况，交班人员要为接班人员创造安全生产条件。

▲正确分析、判断和处理各种事故苗头，把事故消灭在萌芽状态。

▲经常关心自己周围的安全生产情况，向有关领导或部门提出合理化建议或意见，发现事故隐患和异常情况要及时处理和报告。

▲发生事故时要果断正确处理，及时抢救伤员，如实地向上级报告情况，严格保护好现场，做好详细记录，并协助有关调查

人员做好调查工作。

▲加强设备维护保养，爱护和正确使用机器设备和工具，妥善保管和正确使用消防灭火器材，保持作业现场整洁，搞好文明生产。

▲上岗必须按规定着装，正确穿戴和使用各种劳动防护用品。

▲努力学习和掌握安全生产知识和技能，熟练掌握本工种操作程序和安全操作规程，积极参加各种安全生产宣传、教育、评比、竞赛、训练、管理等活动，牢固树立“安全第一”的思想和自我保护意识，遵章守纪，有权拒绝违章指挥，对安全生产负责。

安全妙语“谨”上添花：

爱我岗位戒我行　　分内工作记得清
立足安全靠言行　　关注自己和他人

第三章

掌握技术为安全 员工学习促生产

第一节 安全用电与防火防爆

一、安全用电促生产

1. 电流的危害

电击伤害：所谓电击，就是指当电流通过人体内部器官时，使其受到伤害。如电流作用于人体中枢神经，使心脑和呼吸功能的正常工作受到破坏，人体就会发生抽搐和痉挛，失去知觉；电流也可导致人体呼吸功能紊乱，血液循环系统活动大大减弱而造成假死。如救护不及时，则会造成死亡。电击是人体触电事故较危险的一种情况。

电伤伤害：所谓电伤，就是指人体外部器官受到电流的伤害。如电弧造成的灼伤，电的烙印，由电流的化学效应而造成的皮肤金属化，电磁场的辐射作用等。电伤是人体触电事故较轻微的一种情况。

▲单相触电：如果人站在大地上，当人体接触到一根带电导线时，电流通过人体经大地构成回路，这种触电方式通常被称为单线触电，也称为单相触电。这种触电事故的危害程度取决于三相电网中的中性点是否接地。

▲两相触电：如果人体的不同部位同时分别接触电源的不同电位的裸露导线，导线间就会通过人体形成回路，从而使人触电，这种触电方式通常被称为两线触电，也称为两相触电。此时，人体处于线电压的作用下，所以两相触电比单相触电危险性大。

▲跨步电压触电：当人体位于具有电位分布的区域内时，人的两脚（一般相距以 0.8 m 计算）分别处于不同的电位点，使两脚间承受电位差的作用，这一电压称为跨步电压。跨步电压的大小与电位分布区域内的位置有关，越靠近接地体处，跨步电压越大，触电危险性也就越大。

安全妙语“谨”上添花：

员工日常生产忙　　电力知识不能忘
触电事故危险大　　正确认识保安康

2. 安全检修防止触电

检修工作是技术工作，电气检修工作包含十分重要的组织内容。检修工作大体可分为全部停电检修、部分停电检修和不停电检修三种情况。

为了保证安全，应建立必要的工作票制度和停电保护制度。

▲工作票制度。工作票有两种，在高压设备上工作需要全部停电或部分停电者，以及在高压室内的二次接线和照明等回路上工作，需将高压设备停电或采取安全措施时，应填用第一种工作票。带电作业和在带电设备外壳上工作，在控制盘和低压配电盘、配电箱、电源干线上工作，以及在无须高压设备停电的二次接线回路上工作等情况，应填用第二种工作票。

另外，可根据不同的检修任务、不同的设备条件以及不同的管理机构选用或制定适当格式的工作票。

▲停电保护制度。全部停电和部分停电的检修工作应采取下列步骤以保证安全。

停电——应注意切断所有能够给检修部分送电的线路，并采取防止误合闸的措施。

验电——对已停电的线路或设备，不论其经常接入的电压表或其他信号是否指示无电，均应验电。

放电——放电的目的是消除被检设备上残存的静电。

装设临时接地线——为了防止意外送电和二次系统意外的反馈电，以及消除其他方面的感应电，应在被检修部分外端装设必要的临时接地线。

装设遮栏——部分停电检修时，应将带电部分遮挡起来，使检修人员与带电体之间保持一定的距离。

悬挂标志牌——标志牌的作用是提醒人们注意，表明线路或设备运行状态。

安全妙语"谨"上添花：

日常检修工期紧　隔离作业不可少
不能忽视工作票　悬挂标牌很重要
停电检修最安全　疏忽大意惹麻烦

3. 员工安全用电基本常识

▲车间内的电气设备不要随便乱动。自己使用的设备、工具，如果电气部分出现故障，不得私自修理，也不能带故障运行，应立即请电工检修。

▲自己经常接触和使用的配电箱、配电板、闸刀开关、按钮开关、插座、插销以及导线等，必须保持完好、安全，不得有破损或带电部分裸露出来。

▲在操作闸刀开关、磁力开关时，必须将盒盖盖好，防止万一短路时发生电弧或熔断飞溅伤人。

▲使用的电气设备外壳按有关安全操作规程，必须进行防护性接地或接零。对于接地或接零设施要经常进行检查。一定要保证连接牢固，接地或接零导线不得有任何断开的地方，否则接地或接零就不起任何作用了。

▲需要移动某些非固定安装的电气设备，如电风扇、照明灯、电焊机等，必须先切断电源再移动。同时，将导线收拾好，不得在地面上拖来拖去，以免磨损。如果导线被物体压住，不要硬拉，防止将导线拉断。

▲在使用手电钻、电砂轮等手持电动工具时，由于这些工具需要操作人员直接用手把握，同时又是到处移动，极不安全，很容易造成触电事故。

手持电动工具必须注意：

（1）应安设漏电保护器。

（2）工具的金属外壳应进行防护性接地或接零。

（3）使用单相手持电动工具，其导线、插销、插座必须符合单相三眼的要求。使用三相手持电动工具，其导线、插销、插座必须符合三相四眼的要求，其中有一相用于防护接地，同时严禁将导线直接插入插座内使用。

（4）应戴好绝缘手套和站在绝缘板上工作。

（5）注意不得将工件等重物压在导线上，防止轧断导线发生触电事故。

▲工作台上、机床上使用的局部照明灯，其电压不得超过36 V。

▲使用的行灯要有良好的绝缘手柄和金属护罩。灯泡的金属灯口不得外露。引线要采用有护套的双芯软线，并装有“T”形插头，防止插入高电压的插座内。在一般场所，行灯的电压不得超过 36 V；在特别危险的场所，如锅炉内、金属容器内、潮湿的地沟等处，其电压不得超过 12 V。

▲一般情况下，禁止使用临时线。如必须使用，要经设备部门和安全部门批准。临时线应按有关安全规定装好，不得随便乱拉乱拽，同时应按规定时间拆除。

▲在进行容易发生静电火灾爆炸事故的操作时（如使用汽油洗涤零件、擦拭金属板材等），必须有良好的接地装置，以便及时导除聚集的静电。

▲雷雨天不要走近高压电线杆、铁塔、避雷针的接地导线周围 20 m 之内，以免雷击时因雷电流入地下而发生跨步电压触电事故。

▲遇有高压电线断落到地面上的情况，导线断落点周围 10 m 以内，禁止人员入内，以防发生跨步电压触电事故。如果此时已有人在 10 m 之内，为了防止发生跨步电压触电事故，不要跨步奔走，应单足或并足跳离危险区。

▲发生电气火灾时应立即切断电源，用黄沙、二氧化碳、四氯化碳、ABC 干粉等灭火器灭火，切不可用水或泡沫灭火器灭火，因为它们有导电的危险。

救火时应注意自己身体的任何部分及灭火器具不与电线、电气设备接触，以防发生触电事故。

▲在打扫卫生、擦拭设备时，严禁用水冲洗电气设备，或用湿抹布擦拭电气设施，以防发生短路和触电事故。

安全妙语“谨”上添花：

电气设备勿乱动	工具使用防漏电
开关盖好不短路	时常提防高压线
器材移动莫损坏	作业生产才安全

4. 电气设备发生火灾，切断电源需要注意的问题

▲火灾发生后，由于受潮或烟熏，开关设备绝缘能力降低，因此，拉闸时最好使用绝缘工具。

▲高压应先操作断路器，而不应先操作隔离开关切断电源。低压应先操作磁力启动器，而不应先操作闸刀开关切断电源，以免引起弧光短路。

▲切断电源的地点要选择适当，防止切断电源后影响灭火工作。

▲剪断电线时，不同电位应在不同部位剪断，以免造成短路。剪断空中电线时，剪断位置应选择在电源方向的支持物附近，以防电线剪断后掉落下来造成接地短路和触电事故。

5. 电气设备着火后，不能直接用水扑救

电气设备着火后，不能直接用水扑救。因为水中一般含有导电杂质，喷在带电设备上，再掺入设备上的灰尘杂质，则更易导电。如用水灭火，还会降低电气设备的绝缘性能，引起接地短路，或危及附近救火人员的安全。所以，一般都用二氧化碳、四氯化碳、ABC 干粉等灭火剂灭火，因为这些灭火剂是不导电的。

但是变压器、油断路器等充油设备发生火灾后，则可把水喷成雾状灭火。因水雾面积大，覆盖在火焰上的细小水珠极易吸热汽化，将火焰温度迅速降低。上升的烟气流又使悬浮的雾状水滴降落缓慢，更有利于吸热汽化。落下的细小水珠浮在油面上，也使油面温度降低，减弱了油的汽化，从而使火焰温度降低，直至熄灭。

二、防火防爆保安全

1. 员工接触的常见火灾爆炸事故

▲吸烟引起的事故。

▲使用、运输、存储易燃易爆气体、液体、粉尘时引起的事故。

▲使用明火引起的事故。有些工作需要在生产现场动用明火，因管理不当引起事故。

▲静电引起的事故。在生产过程中，许多工艺都会产生静电。例如，用汽油洗涤、皮带在皮带轮上旋转摩擦、油槽行走时油类在容槽内晃动等，都能产生静电。人们穿的化纤服装，在与人体摩擦时也能产生静电。

▲电气设施使用、安装、管理不当引起的事故。例如，超负荷使用电气设施，引起电流过大；电气设施绝缘破损、老化；电气设施安装不符合防火防爆要求等。

▲物质自燃引起的事故。例如，煤堆的自燃、废油布等堆积引起的自燃等。

▲雷击引起的事故。雷击具有很大的破坏力，它能产生高温和高热，引起火灾爆炸。

▲压力容器、锅炉等设备及其附件，带故障运行或管理不善引起事故。

2. 防止火灾的基本措施

▲燃烧必须同时具备下列三个条件：

（1）有可燃物质。不论固体、液体或气体，凡能与空气中的氧化剂起剧烈反应的物质，均可称为可燃物质。有些可燃物质是由单一元素组成的，如碳、氢、硫、钾等。还有些可燃物质是由若干元素组成的化合物，如木材、纸张、汽油、酒精、苯、丙酮、乙炔等。

（2）有助燃物质。凡能帮助和支持燃烧的物质都称为助燃物质，如空气（氧气）、氯酸钾、高锰酸钾等氧化剂。

（3）有能导致燃烧的能源。指能引起可燃物燃烧的能源。热能、光能、电能、化学能和机械能等都可起到火源的作用，如明光、撞击、电火花、炽热物体、自然发热、聚焦的日光、金属钠遇水产生化学能等。

上述燃烧三要素，必须同时具备。即燃烧的发生，除了必须有可燃物质与助燃物质外，还必须要有导致着火的火源。

▲防火的基本措施。

（1）消除着火源：如安装防爆灯具、禁止烟火、接地、避雷、隔离和控制温度等。

（2）控制可燃物：以难燃或不燃材料代替可燃材料。防止可燃物质的跑、冒、滴、漏。对那些相互作用能产生可燃气体或蒸气的物品，应加以隔离，分开存放。

（3）隔绝空气：将可燃物品隔绝空气储存，在设备容器中充装惰性介质。

▲防止爆炸的基本措施。爆炸是物质在瞬间以机械功的形式释放出大量气体和能量的现象。

（1）化学性爆炸必须同时具备以下三个条件：

1）存在可燃物质，包括可燃气体、蒸气或粉尘。

2）可燃物质与空气（氧气）混合并且在爆炸极限内，形成爆炸性混合物。

3）爆炸性混合物遇有火源的作用。

对于任何一种可燃气体（蒸气）的爆炸性混合物，都有一个最小引燃能量，低于这个能量，混合物就不会发生爆炸。

（2）防爆的基本措施。

1）通过充入惰性介质，排除容器或设备管道中的可燃物，防止形成爆炸的基本条件。

2）防止可燃物的泄漏，特别是大量泄漏。

3）严格控制系统的含氧量，使其降到某一临界值（氧限值或极限含氧量）以下。

4）采取监测措施，安装报警装置。

5）消除火源。

▲消除静电的基本措施。

由静电引起火灾、爆炸事故在生产中也是经常发生的，因此，静电是火灾爆炸的重大隐患，应当引起重视。

（1）静电的产生。工业生产和生活中的大多数静电是由于不同物质的接触、分离或相互摩擦而产生的。例如，生产工艺中的挤压、切割、搅拌、喷溅、过滤等都会产生静电。

（2）消除静电的基本措施。

1）静电接地。用来消除导电体上的静电。

2）增湿。提高空气湿度以消除静电荷的积累。

3）加抗静电添加剂。采用此方法时，应以不影响性能为原则，还应注意防止某些添加剂的毒性和腐蚀性。

4）使用静电中和器。

5）工艺控制法。指从工艺上采取适当的措施，限制静电的产生和积累。

▲灭火措施。

（1）报警。

（2）限制火灾和爆炸蔓延。一旦发生火灾，应防止形成新的燃烧条件，防止火灾蔓延，如设置防火装置、在车间或仓库里筑防火墙或建筑物之间留防火间距等。

（3）灭火方法。

1）窒息法。即隔绝空气，使可燃物质无法获得氧气而停止燃烧。

2）冷却法。即降低着火物质温度，使之降到燃点以下而停止燃烧。

3）隔离法。将正在燃烧的物质与可燃烧的物质隔开，中断可燃物质的供给，使火源孤立，火势不能蔓延。

灭火过程中，往往需要同时采用上述三种方法才能将火灾迅速扑灭。

安全妙语"谨"上添花：

燃烧要素是重点　消除静电没风险
防火措施要记清　火起不慌先报警
重点监控防爆炸　科学救援才安全

第二节　机械安全

一、牢记机械各部位危险点

机械设备可造成碰撞、夹击、剪切、卷入等多种伤害。其主要危险部位和类型如下：

▲旋转部件和成切线运动部件间的咬合处，如动力传输带和带轮、链条和链轮、齿条和齿轮等。

▲旋转的轴，如连接器、心轴、卡盘、丝杠、圆形心轴和杆。

▲旋转的凸块和孔处。含有凸块或空洞的旋转部件是很危险的，如风扇叶、凸轮、飞轮等。

▲对向旋转部件的咬合处，如齿轮、轧钢机、混合辊等。

▲旋转部件和固定部件的咬合处，如辐条手轮或飞轮、机床床身、旋转搅拌机和无防护开口外壳搅拌装置等。

▲接近类型，如锻锤的锤体、动力压力机的滑枕等。

▲通过类型，如金属刨床的工作台及其床身、剪切机的刀刃等。

▲单向滑动，如带锯边缘的齿、砂带磨光机的研磨颗粒、凸式运动带等。

▲旋转部件与滑动之间的危险，如某些平板印刷机面上的机构、纺织机床等。

安全妙语"谨"上添花：

机械伤害猛如虎　　时刻归纳和总结
危险部位要记清　　避免伤害促生产

二、机械生产伤害的类型

机械装置运行过程中存在着两大类危险因素。

第一，机械危害，包括夹击、碾压、剪切、切割、缠绕或卷入、刺伤、摩擦或磨损、飞出物打击、高压流体喷射、碰撞或跌落等危害。

第二，非机械危害，包括电气危害、噪声危害、振动危害、辐射危害、温度危害等。

在机械行业中，主要存在以下危险和危害：

▲物体打击：是指物体在重力或其他外力的作用下产生运动，打击人体而造成人身伤亡事故。不包括主体机械设备、车辆、起重机械、坍塌等引发的物体打击。

▲车辆伤害：是指企业机动车辆在行驶中引起的人体坠落和物体倒塌、飞落、挤压造成的伤亡事故。不包括起重提升、牵引车辆和车辆停驶时发生的事故。

▲机械伤害：是指机械设备运动（静止）部件、工具、加工件直接与人体接触引起的挤压、碰撞、冲击、剪切、卷入、缠绕、甩出、割伤、切断、刺伤等伤害。不包括车辆、起重机械引起的伤害。

▲起重伤害：是指各种超重作业（包括起重机安装、检修、试验）中发生的挤压、坠落、物体（吊具、吊重物）打击等造成的伤害。

▲触电伤害：包括各种设备设施的触电、电工作业的触电、雷击等。

▲灼烫伤害：包括火焰烧伤、高温物体烫伤、化学灼伤（酸、碱、盐、有机物引起的体内外灼伤）、物理灼伤（光、放射性物质引起的体内外灼伤）。不包括电灼伤和火灾引起的烧伤。

▲火灾伤害：包括火灾造成的烧伤和死亡。

▲高处坠落：是指在高处作业中发生坠落造成的伤害事故。不包括触电坠落事故。

▲坍塌伤害：是指物体在外力或重力作用下，超过自身强度极限或因结构稳定性被破坏而造成的事故，如挖沟时的土石塌方、脚手架坍塌、堆置物倒塌、建筑物坍塌等。不包括矿山冒顶片帮和车辆、起重机械、爆破引起的坍塌。

▲火药爆炸：是指火药、炸药及其制品在生产加工、运输、储存过程中发生的爆炸事故。

▲化学性爆炸：是指可燃性气体、粉尘等与空气混合形成爆炸混合物，接触引爆物体时发生的爆炸事故（包括气体分解、喷雾、爆炸等）。

▲物理性爆炸：包括锅炉爆炸、容器超压爆炸等。

▲中毒和窒息：包括中毒、缺氧性窒息、中毒性窒息等。

▲其他伤害：是指除上述以外的伤害，如摔、扭、挫、擦等伤害。

安全妙语“谨”上添花：

机械伤害种类多　　防护手段善运用
避险方案要分清　　心中有杆安全秤

三、机械伤害预防对策

机械伤害风险的大小取决于机器的类型、用途、使用方法，人员的知识、技能、工作态度；同时，还与人们对危险的了解程度和所采取的避免危险的措施有关。正确判断什么是危险和什么时候会发生危险是十分重要的。

预防机械伤害包括两方面的对策：

▲实现机械安全。

（1）消除产生危险的原因。

（2）减少或消除接触机器危险部件的机会。

（3）使人们难以接近机器的危险部位（或提供安全装置，使得接近这些部位不会导致伤害）。

（4）提供保护装置或者防护服。

▲保护操作者和有关人员安全。

（1）通过培训来提高人们辨识危险的能力。

（2）通过对机器的重新设计，使危险更加醒目（或者使用警示标志）。

（3）通过培训来提高避免伤害的能力。

（4）增强采取必要行动来避免伤害的自觉性。

安全妙语"谨"上添花：

事故不可怕　预防是关键
归纳危险点　查找隐患源
对策时时有　作业更安全

四、通用机械安全设施的技术要求

1．设计安全装置需考虑的因素

设计安全装置时，要把人的因素考虑在内。疲劳是导致事故的一个重要因素，设计者要考虑以下几个因素，使人的疲劳感降到最低程度。

（1）正确布置各种操作、控制装置。

（2）正确选择工作平台的位置及高度。

（3）提供座椅。

（4）出入作业地点要方便。

当无法通过设计来达到本质安全时，为了消除危险，要使用安全装置。

2．机械安全防护装置的一般要求

▲安全防护装置应结构简单、布局合理，不得有锐利的边缘和凸缘。

▲安全防护装置应具有足够的可靠性，在规定的寿命期限内

有足够的强度、刚度、稳定性、耐腐蚀性、抗疲劳性，以确保安全。

▲安全防护装置应与设备运转连锁，保证安全防护装置未起作用之前，设备不能运转；安全防护罩、屏、栏的材料及其至运转部件间的距离应符合规定。

▲光电式、感应式等安全防护装置应设置自身出现故障的报警装置。

▲紧急停车开关应保证瞬时动作时能终止设备的一切运动。对有惯性运动的设备，紧急停车开关应与制动器或离合器连锁，以保证迅速终止运行。

▲紧急停车开关的形状应区别于一般开关，颜色为红色。

▲紧急停车开关的布置应保证操作人员易于触及，且不发生危险。

▲设备由紧急停车开关停止运行后，必须按启动顺序再次启动才能重新运转。

3. 对机械设备安全防护罩的技术要求

▲只要是操作工可能触及的活动部件，在防护罩没有闭合前，活动部件就不能运转。

▲采用固定防护罩时，操作工不能触及运转中的活动部件。

▲防护罩与活动部件之间应有足够的间隙，避免防护罩与活动部件之间有任何接触。

▲防护罩应牢靠地固定在设备或基础上，拆卸、调节时必须使用工具。

▲开启式防护罩打开时或一部分失灵时，应使活动部件不能

运转或使运转中的部件停止运动。

▲使用的防护罩不允许给生产场所带来新的危险。

▲不影响操作。在正常操作或维护保养时不需拆卸防护罩。

▲防护罩必须坚固可靠，以避免与活动部件接触造成损坏和工件飞脱造成伤害。

▲一般情况下，防护罩不准脚踏和站立。必须做平台或阶梯时，应能承受 1 500 N 的垂直力，并采取防滑措施。

第三节　危险化学品安全

一、认知危险化学品

凡具有易燃、易爆、有毒、有害、腐蚀、放射等特性，会对人体、设施、环境造成伤害或损害的化学品称为危险化学品。

二、危险化学品分类

常用危险化学品按其主要危险特性分为以下八类：

▲爆炸品。如黑索金、TNT、硝铵炸药、高氯酸铵等。

▲压缩气体和液化气体。如易燃气体：氢气、甲烷、乙烷等；不燃气体：氧气、氮气、氩气等；有毒气体：一氧化碳、硫化氢等

▲易燃液体。如天那水（主要成分为苯类）、汽油、煤油及部

分柴油、酒精等。

▲易燃固体、自燃物品和遇湿易燃物品。如红磷、白磷、锂、钠、钾等。

▲氧化剂和有机过氧化剂，如过氧化氢、双氧化钠、二氧化镁等。

▲毒害品。

放射性物品（不在《危险化学品安全管理条例》管理范围之内）。

▲腐蚀品。如酸性腐蚀品：硝酸、硫酸、盐酸等；碱性腐蚀品：烧碱、氨水等；其他腐蚀品：氯化铜、氯化锌等。

三、控制与消除危险化学品火源的具体措施

控制明火主要是控制生产过程中的加热用火、焊割用火及其他火源。

▲控制加热用火。

加热易燃危险化学品时，应尽量避免采用明火加热设备，而宜采用蒸气或其他载热体加热。一定要用明火加热设备时，应远离可能泄漏易燃气体或蒸气的工艺设备和储罐区，并应布置在其上风处或侧风处。

▲控制焊割用火。

焊接切割时，飞散的火花及金属熔融物的温度高达 1 500 ~ 2 000℃；高空作业时，飞散距离可达 20 m 远，容易引发火灾。在焊割时必须注意以下几点：

（1）没有办理《动火作业许可证》，禁止动火。

（2）可以移出易燃易爆危险区域的动火作业，禁止在油气危险区域内动火。

（3）动火单位必须派有资格的安全监护人在现场执行监护任务，否则不准动火。

（4）作业人员要严格遵守安全操作规程，禁止交叉作业。

（5）动火周围（至少 15 m 范围内）的易燃物质要清除干净；附近难以移开的易燃物品要采取安全防范措施。

（6）凡盛装过易燃、可燃液体，易燃气体，易燃危险物品的容器、管道必须洗刷干净，不能确认为干净的，必须用惰性气体置换到氧气浓度低于 2%，或者用水置换。

（7）凡动火点与盛装油、气等易燃物品的容器、管道相连的，必须用盲板隔开或者拆开连接，呈断开状态。

（8）动火现场必须配备适合的、足够的灭火器材。

（9）动火作业结束后，动火人员必须彻底清理现场火种、残留物，经安全监护人检查确认没有火险隐患后，方能离开现场。

（10）进行气焊作业时，应将乙炔发生器放置在安全地点，以防回火爆炸伤人或将易燃物引着。

▲控制其他火源。

摩擦与冲击也能引燃危险化学品。

（1）机器中轴承等转动部分的摩擦，铁器的相互撞击或铁制工具击打混凝土等，都有可能产生火花。因此，转动部分要保持良好的润滑，危险场所要使用铜制工具。

（2）在有可燃气体的场合，必须严禁使用含镁或铝的轻合金制造工具。因为这类轻合金制品与锈铁撞击所产生的火花，比铁与铁的撞击更易点燃可燃气体。

（3）当可燃气体从管道或容器裂口处高速喷出时，夹带的铁锈与器壁摩擦后变为高温粒子，也可能引起火灾。

安全妙语"谨"上添花：

明火勿近危险品　　遵守规程与规定
日常作业要谨慎　　安全生产无事故

四、压缩气体与液化气体储运应注意的安全事项

压缩气体与液化气体分为常温常压下遇明火、高温即会燃烧或爆炸的易燃气体，遇油脂会燃烧或爆炸的助燃气体，以及对人

畜有毒害、窒息等危害的有毒气体。

▲ 进行装卸作业时，应用抬架或搬运车，防止撞击、拖拉、摔落，不得溜坡、滚动。

▲ 搬运前应检查钢瓶阀门是否漏气，搬运时不要将钢瓶对准人体，注意防止钢瓶安全帽脱落。

▲ 装卸有毒气体（如氯气、一氧化碳、硫化氢等）钢瓶，应穿戴防毒用具。剧毒气体钢瓶要当心漏气，防止吸入毒气。

▲ 搬运氧气钢瓶时，工作服和装卸工具不得沾有油污。

▲ 易燃气体（如氢气、甲烷、乙烷、液化石油气等）严禁接触明火。炎热季节从事搬运作业，应安排在早晚阴凉时段进行。

五、易燃液体储运应注意的安全事项

易燃液体包括低闪点的汽油、中闪点的苯类、高闪点的煤油等。柴油根据其闪点，部分属高闪点易燃液体。

▲ 从事装卸、搬运作业前，应进行通、排风。

▲ 装卸、搬运过程中不能使用黑色金属工具，必须使用时应采取可靠的防护措施；装卸机具应装有防止产生火花的防护装置。

▲ 在装卸、搬运时必须轻拿轻放，严禁滚动、摩擦、拖拉。

▲ 夏季运输要安排在早晚阴凉时段进行；雨雪天作业要采取防滑措施。

▲ 罐车运输要有接地链。

六、易燃易爆物品储存基本要求

▲储存场所要满足消防安全要求。如各类物品仓库、储罐等建筑物的选址、建筑结构、电气设备、防爆泄压、灭火设施等都要满足消防安全要求。

▲物品要分类储存。易燃易爆物品种类繁多、性质各异，储存时要分区、分类、定品种、定数量、定库房储存，定人员管理。化学性质或灭火方法相互抵触的物品不准同库储存。

▲物品进、出库要检查验收。

▲堆垛衬垫要做到安全、整齐、合理，便于清点检查。同时做到不超高、不超宽、“五留距”（即留墙距、柱距、顶距、灯距、垛距）。

▲保管人员要做到一日三查。发现问题及时处理，消除隐患。

安全妙语“谨”上添花：

储存运输危险品　　时时检查事事问
防火防爆真需要　　杜绝违章和违纪
注意现场危险点　　科学储运才安全

七、常见的化工伤害事故

1. 化学性灼伤

一般电镀厂使用强酸、强碱化学溶液时，因防护不当或操作不慎，致使化学溶液溅到皮肤上，会造成化学性灼伤。

化学性灼伤的防范措施：加强员工技术培训，严格执行操作规程。按规定穿戴劳动防护用品。教育员工掌握应急处理方法，如用大量清水冲洗等。

2. 中毒

一般使用有挥发性的有毒液体化学品，如三氯乙烯、正己烷、甲苯、二甲苯等，因防护不当或身体抵抗力较弱，容易造成中毒。

化工伤害事故防范措施：

▲近距离接触有毒化学品，必须佩戴防毒口罩、手套。

▲因操作不慎，误将化学品弄到皮肤上或眼睛里，应马上用清水冲洗，然后再去医院检查、医治。

▲如身体出现红肿、发痒、过敏等症状，应考虑是否与工作有关，进而找医生诊断。

▲不要把化学品带回家（宿舍）。

▲不要把工作服穿回家（宿舍），下班后应更换衣服。

▲化学品的毒性表现是伤肝、肾，溶解脂肪，平时要注意营养。

▲加强车间通风，尽量减少化学品的挥发。

▲遇有气体泄漏，应向上风处撤离。

▲每年体检一次，注意身体变化，及时发现问题。

安全妙语“谨”上添花：

化工事故很危险	防护用品要穿戴
中毒伤害和污染	加强通风保健康
注意防范和避免	定期检查除隐患

第四节 施工作业安全

一、施工现场安全生产常用术语释义

▲“一票否决”制度：在规定的考核年度内，对未完成安全生产责任目标或发生生产安全事故的相关单位和人员取消相应的评比、晋升、奖励资格。

▲施工设备管理“二定”：定人员、定设备。

▲施工设备管理“三包”：包使用、包保养、包管理。

▲施工必须“三同时”：对新建、扩建和技术改造工程中的劳动安全卫生设施与主体工程同时设计、同时施工、同时投产使用。

▲安全生产“三违”：违章指挥、违章作业、违反劳动纪律。

▲工作服装“三紧”：袖口紧、下摆紧、裤脚紧。

▲施工现场“三宝”：安全帽、安全带、安全网。

▲施工中的“三不伤害”：不伤害自己、不伤害别人、不被别人伤害。

▲生产安全事故处理“四不放过”：事故原因没有查清不放过，事故责任者没有严肃处理不放过，广大职工没有受到教育不放过，防范措施没有落实不放过。

▲施工中的“四新”：新工艺、新技术、新材料、新设备。

▲施工现场“四口”：楼梯口、电梯井口、预留洞口、通道口。

▲施工现场“五临边”：基坑边、阳台边、楼层边、通道边和

屋面周边，作业时临边要进行封闭处理。

▲ 高处作业“五必有”：有边必有栏（在脚手架、平台等处的边缘设置防护栏杆），有洞必有盖（作业场所的孔、洞、沟等处铺设盖板），有栏无盖必有网（如不设置栏杆或盖板，应安装安全网），有电必有防护措施（与高、低压线路及设施保持安全距离），电梯必有门连锁（电梯、载货机升降过程中，门应锁紧而打不开）。

▲ “五同时”：在计划、布置、检查、总结、评比生产的同时，计划、布置、检查、总结、评比安全工作。

▲ 起重作业“十不吊”规定：

（1）超载或被吊物重量不清楚不吊。

（2）指挥信号不明确不吊。

（3）捆绑、吊挂不牢或不平衡，可能引起滑动时不吊。

（4）被吊物上有人或浮置物时不吊。

（5）结构或零部件有影响安全工作的缺陷或损伤时不吊。

（6）遇有拉力不清楚的埋置物件时不吊。

（7）工作场地昏暗，无法看清场地、被吊物或指挥信号时不吊。

（8）被吊物棱角处与捆绑钢丝绳间未加衬垫时不吊。

（9）歪拉斜吊重物时不吊。

（10）容器内所装物品过满时不吊。

▲电焊、气割作业“十不烧”规定：

（1）焊工必须持证上岗，无《特种作业人员操作证》的人员，不准进行焊、割作业。

（2）凡属一、二、三级动火范围内的焊、割，未经办理动火审批手续，不准进行焊、割作业。

（3）焊工不了解焊、割现场周围情况，不准进行焊、割作业。

（4）焊工不了解焊件内部是否安全，不准进行焊、割作业。

（5）各种装过可燃气体、易燃液体和有毒物质的容器，未经彻底清洗并排除危险之前，不准进行焊、割作业。

（6）用可燃材料做保温层、冷却层、隔热设备的部位，或火星能够溅及的地方，在未采取切实可靠的安全措施之前，不准进行焊、割作业。

（7）有压力或密闭的管道、容器，不准进行焊、割作业。

（8）焊、割部位附近有易燃易爆物品，在未做清理或未采取有效的安全措施之前，不准进行焊、割作业。

（9）附近有与明火作业相抵触的工种作业，不准进行焊、割作业。

（10）与外单位相连的部位，在没有弄清有无险情之前，或明知存在危险而未采取有效的措施之前，不准进行焊、割作业。

二、施工现场的特点

▲施工现场最大的特点是产品固定，这是它不同于其他行业的根本特点。建筑产品是固定的，体积大，生产周期长。一座厂房、一栋楼房、一支烟囱或一台设备，一经施工完毕就固定不动了。

▲流动性大是建筑施工的又一个特点。一座厂房、一栋楼房完工后，施工队伍就要转移到新的地点，去建新的项目。这些新的工程可能在同一个地区，也可能在另一个地区，那么施工队伍就要相应地在不同地区间流动。

▲露天、高处作业多，在空旷的地方盖房子，没有遮阳棚，也没有避风墙，员工常年在室外操作。一幢建筑物从基础、主体结构到装修等，露天作业约占整个工程的70%。

▲手工操作，繁重的劳动消耗大量体力。建筑业是我国发展最早的行业，可是几千年来，大多数工种至今仍是手工操作，从事着最繁重的体力劳动。

▲建筑产品具有多样性的特点，施工过程变化大、规律性差。每幢建筑物从基础、主体结构到装修，工序不同，不安全因素也不同。即使同一道工序，由于工艺和施工方法不同，生产过程也不同。

▲近年来，建设任务正由以工业建筑为主向以民用建筑为主

转变，建筑物由低层向高层发展，施工现场由较为广阔的场地向较为狭窄的场地变化。

安全妙语“谨”上添花：

建筑行业风险大　　劳动密集环境杂
时时紧绷安全弦　　处处小心不放松

三、施工现场安全纪律

▲进入施工现场必须戴好安全帽、系好安全帽带，并正确使用个人防护用品。

▲凡 2 m 以上的悬空、高处作业无安全设施的，必须系好安全带、扣好安全钩。

▲高处作业时不往下或往上乱抛材料和工具等物件。

▲各种电动机械设备必须有漏电保护装置和可靠的保护接零装置方能开动使用。

▲未经有关人员批准，不得随意拆除安全设施和安全装置。

▲未经安全教育不得上岗，无证不得操作，非操作者禁止进入危险区域。

▲井字架吊篮、料斗不准乘人。

▲酒后不准上班操作。

▲穿拖鞋、高跟鞋，赤脚或赤膊不准进入施工现场。

▲穿硬底鞋不准进行登高作业。

安全妙语"谨"上添花：

安全纪律很重要　　违章违纪莫入场
防护用品须佩戴　　不忘"三宝"保安全

四、施工现场环境要求

▲ 施工现场应保持整洁，杂物应及时清理。要做到施工完一层清理一层，施工垃圾应集中堆放并及时拉走。

▲ 现场内各种管道都应做好保护，防止碾轧。接头处要牢靠，防止跑、冒、滴、漏。施工中的污水应经管道或沟槽排入沉淀池集中处理，不得任意向现场排放或流到场外及河流中。

▲ 施工现场的材料应按照规定的地点分类存放整齐，做到一头齐、一条线、一般高。砂石材料成方，周转材料、工具一头见齐，钢筋要分规格存放，不得侵占现场道路，防止堵塞交通而影响施工。

▲ 各种气瓶属于危险品，在存放和使用时要距离明火 10 m 以外。乙炔瓶禁止倒放。

▲ 工地临时宿舍应做到被褥叠放整齐，个人用具按次序摆放，衣服勤洗勤换，污水不乱泼乱倒，保持室内空气清新。

安全妙语"谨"上添花：

作业现场要整洁　　材料整齐道路通
各种管道要防护　　安全工作共参与

五、施工现场防火要求

▲ 施工现场进行明火作业，操作前办理动火证，经现场有关部门（负责人）批准，做好防护措施并派专人看火（监护）后，方可操作。动火证只限于当天申请人在规定地点使用。

▲ 每日作业完毕或焊工离开现场时，必须确认用火已熄灭、周围无隐患、电闸已拉下、门已锁好，确认无误后，方可离开。

▲ 焊、割作业不准与油漆、喷漆、木料加工等易燃易爆作业交叉进行。

▲ 进行高处焊接作业，下方设专人监护，中间应有防护隔板。

▲ 进入施工现场作业区，特别是在易燃易爆物品周围，严禁吸烟。

▲施工现场电气装置发生火情，应先切断电源，再用沙土、二氧化碳或干粉灭火器进行灭火。不要用水及泡沫灭火器进行灭火，以防发生触电事故。

▲施工现场放置消防器材处应设明显标志，夜间设红色警示灯，消防器材需垫高放置，周围 3 m 内不得存放任何物品。

▲当现场有火灾发生时，不要惊慌，应立即取出灭火器或接通水源扑救。当火势较大、现场无力扑救时，应立即拨打“119”报警，讲清火灾发生的地点、失火情况，以及报告人和单位等。

安全妙语“谨”上添花：

建筑现场物料多　　动火制度要执行
一旦燃烧后果大　　谨慎操作莫引祸

六、饮食卫生安全

▲工地食堂应严防肠道传染病的发生，杜绝食物中毒，把住病从口入关。

炊管人员必须持有所在地区卫生防疫部门颁发的健康证，并且每年进行一次体检。凡患有痢疾、肝炎、伤寒、活动性肺结核、渗出性皮肤病以及其他有碍食品卫生的疾病，不得参加食品制作及洗涤工作。炊管人员无健康证不准上岗。

▲饭前洗手，不吃不干净的食品，不喝生水，保证身体健康。

安全妙语“谨”上添花：

工地人多环境杂　　病从口入惹祸殃
个人卫生要保持　　身体健康干劲大

第五节　焊割安全

一、焊工在焊接时应注意的安全事项

▲防止飞溅金属造成灼伤和火灾。

▲防止电弧光辐射对人体造成危害。

▲防止某些有毒气体中毒。

▲焊接压力容器时，要防止焊接发生爆炸。

▲高空作业时，要系安全带和戴安全帽。

▲注意避免发生触电事故。

二、手工电弧焊安全技术基本要求

▲焊机的外壳和工作台必须有良好的接地。

▲焊机空载电压在 60 ~ 90 V 之间。

▲电焊设备应使用带电保险的电源刀闸，并应装在密闭箱内。

▲焊机使用前必须仔细检查其一、二次导线绝缘是否完整，

接线是否绝缘良好。

▲焊接设备与电源网路接通后，人体不应接触带电部分。

▲在室内或露天现场施焊时，必须在周围设置挡光屏，以防弧光伤害工作人员的眼睛。

▲焊工必须配备合适滤光板的面罩、干燥的帆布工作服、手套、橡胶绝缘和清渣防护白光眼镜等安全用具。

▲焊接绝缘软线长度不得少于 5 m，施焊时软线不得搭在身上，地线不得踩在脚下。

▲严禁在起吊部件的过程中边吊边焊。

▲施焊完毕后应及时关掉焊接电源。

三、焊接作业的个人防护措施

▲焊接作业的个人防护措施主要是对头、面、眼睛、耳、呼吸道、手、躯干等部位的人身防护，主要有防尘、防毒、防噪声、防高温辐射、防放射性物质、防机械外伤和脏污等。焊接作业除穿戴一般防护用品（如工作服、手套、眼镜、口罩等）外，针对特殊作业场合，还可以佩戴通风焊帽（用于密闭容器和不易解决通风问题的特殊作业场所的焊接作业），防止烟尘危害。

▲对于剧毒场所紧急情况下的抢修焊接作业等，可佩戴隔绝式氧气呼吸器，防止急性职业中毒事故的发生。

▲为保护焊工眼睛不受弧光伤害，焊接时必须使用镶有特殊防护镜片的面罩，并按照焊接电流的强度不同来选用不同型号的滤光镜片。同时，也要考虑焊工视力情况和焊接作业环境的亮度。

▲为防止焊工皮肤不受电弧伤害，焊工宜穿浅色或白色帆布

工作服。同时，工作服袖口应扎紧，扣好领扣，皮肤不外露。

▲焊接辅助工和焊接地点附近的其他作业人员易受弧光伤害，工作时要注意相互配合。辅助工要戴颜色深浅适中的滤光镜。在多人作业或交叉作业场所从事电焊作业，要采取保护措施，设置防护栏板，以防弧光刺伤焊工及其他作业人员的眼睛。

▲此外，接触钍钨棒后应用流动水和肥皂洗手，并注意经常清洗工作服及手套等。戴隔音耳罩或防音耳塞，可以避免噪声危害，这些都是有效的个人防护措施。

四、使用气瓶的安全要求

▲气瓶使用前要进行检查，如发现其有变形、划伤、腐蚀等

损伤不得使用。

▲气瓶放置时一般应立放，而且不得靠近火源，正常情况下与明火、可燃气体和助燃气体之间的距离不得小于 10 m。

▲平常存放气瓶要防止烈日暴晒、雨淋、水浸。

▲禁止敲击、碰撞气瓶，严禁在气瓶上焊接、引弧，不准用气瓶做支架和铁砧。

▲开启瓶阀时应站在气瓶侧面，以免气流喷出伤人。开启时应轻而稳，不能用力过大；关闭时不得太紧、太死。

五、存放气瓶的安全要求

▲应设专人负责管理，建立并执行进、出库制度，管理、操作及消防人员应经过安全技术培训。

▲储存时要保证空瓶与实瓶分开，实瓶的储存量应有限制，以保证当天使用和周转为限。

▲性质相抵触的气瓶，如氢气瓶和氧气瓶等应分开存放。

▲气瓶摆放要整齐，固定要牢靠，数量、号位的标志要明显，要留有通道。

▲储存气瓶的空间应与明火或建筑物有适当的安全距离，存有易燃、易爆、有毒、腐蚀性气体的气瓶，安全距离不得小于15 m。

在气瓶充装、运输、储存和使用过程中，如操作不当将会引起爆炸、燃烧、泄漏而使人中毒事故，以及乙炔气瓶、氧气瓶的回火燃烧、爆炸等事故。

第四章

职业危害种类繁 逐一避免为安全

第一节　职业危害因素与职业病

一、员工应该知道和了解的职业危害

职业危害因素就是在生产劳动过程中，存在于作业环境中的危害劳动者健康的因素。按其来源可分为以下三类：

▲生产过程中产生的有害因素。包括原料、半成品、产品、机械设备等产生的工业毒物、粉尘、噪声、振动、高温、辐射及污染性因素等。

▲劳动组织中的有害因素。包括作业时间过长、作业强度过大、劳动制度不合理、长时间处于不良体位、个别器官或系统过度紧张、使用不合理的工具等。

▲与卫生条件和卫生技术设施不良有关的有害因素。包括生产场所设计不符合卫生标准和要求，如露天作业的不良气候条件、

厂房狭小、作业场所布局不合理、照明不良等。缺乏有效的卫生技术设施或设施不完备，以及个体防护存在缺陷等。

二、职业病的定义和分类

从广义上讲，职业病是指作业人员在从事生产活动过程中，因接触职业性危害因素而引起的疾病。但从法律意义上讲，职业病是有一定范围的，仅指由政府部门或立法机构规定的法定职业病。

2002 年，卫生部颁布的职业病目录规定的法定职业病为十大类 115 种。其中尘肺 13 种，职业性放射性疾病 11 种，职业中毒 56 种，物理因素所致职业病 5 种，生物因素所致职业病 3 种，职业性皮肤病 8 种，职业性眼病 3 种，职业性耳鼻喉口腔疾病 3 种，职业性肿瘤 8 种，其他职业病 5 种。

安全妙语"谨"上添花：

职业病症种类多　　预防为主保健康
危害治理须彻底　　个体防护不放松

第二节　职业中毒及其预防

一、生产性毒物怎样进入人体

生产性毒物主要是经呼吸道和皮肤进入人体。

呼吸道由鼻、咽部、气管、支气管和肺部组成，气体（如氯、氨、一氧化碳、甲烷等）、蒸气（如苯蒸气等）和气溶胶（如农药雾滴、电焊烟尘等）形态的毒物可经呼吸道进入人体。呼吸道是毒物进入人体最常见、最主要的途径。

皮肤是人体的最大器官，包括毛发、指（趾）甲等。毒物可以通过不同的方式经皮肤吸收，引起局部损害或全身性中毒症状。

二、职业中毒的类型

职业中毒按其发病快慢一般分为急性职业中毒和慢性职业中毒两种类型。

▲急性职业中毒是指人体在短时间内受到较高浓度的生产性有害因素的作用而迅速发生的疾病，具有起病急、变化快、病情重等特点。急性职业中毒以化学物质中毒最为常见。主要由于违反操作规程或意外事故所引起。

▲慢性职业中毒是指员工在生产环境中长期受到一定浓度（超过国家规定的最高允许浓度标准）的生产性有害因素的作用，经过数月、数年或更长时间而缓慢发病。相对于急性职业中毒而言，慢性职业中毒具有潜伏期长、病变进展缓慢、早期临床症状较轻等特点。

1. 铅作业及铅中毒

铅冶炼对人体造成的危害很大，熔铅、铸铅及修理蓄电池都可接触到铅。由于铅化合物多具有特殊颜色，因而常用于油漆工业。在砂磨、刮铲、焊接、熔割时可产生铅烟、铅尘。

此外，陶瓷、玻璃、塑料等工业生产中也会接触到铅烟、铅尘。铅中毒可引起肝、脑、肾等器官发生病变。因接触的剂量不同，可出现急性中毒或慢性中毒症状。

2. 苯作业及苯中毒

生产中接触苯的作业主要有喷漆、印刷、制鞋、橡胶加工、香料等。苯及其化合物是以粉尘、蒸气的形态存在于空气中，可经呼吸道和皮肤吸收。特别是夏季，皮肤出汗、充血，更能促进毒物的吸收。

急性苯中毒主要损害中枢神经系统，一些中毒者还可伴有化学性肺炎、肺水肿及肝肾损害。慢性苯中毒主要损害造血系统及中枢神经系统。

3. 窒息性气体中毒

窒息性气体中毒主要表现为机体缺氧。急性缺氧可引起头痛、情绪改变，严重的可导致脑细胞坏死及脑水肿。常见的窒息性气体中毒有：

▲一氧化碳中毒。多发生在煤、油料燃烧不充分时及煤气制造、金属冶炼等作业场所。轻度中毒者出现剧烈头痛、头晕、心悸、恶心呕吐、乏力等症状。重度中毒者表现为无意识、昏迷，甚至呼吸衰竭，伴有脑水肿、严重的心肌损害。

▲硫化氢中毒。多发生在石油开采和炼制、化纤及造纸生产中，在清理粪池、下水道、垃圾时，也可发生硫化氢中毒。轻度中毒者表现为眼及上呼吸道刺激症状。接触高浓度的硫化氢可立即昏迷、死亡，称为“闪电型”死亡。

▲二氧化碳中毒。多发生于汽水、啤酒制造作业中，不通风的发酵池、地窖、粮仓等处会产生大量的二氧化碳。常为急性中毒，几秒钟内迅速昏迷，若不能及时救出可致死亡。

三、预防职业中毒的措施

▲根除毒物或降低毒物浓度，如用无毒或低毒物质代替有毒或剧毒物质。但不是所有毒物都能找到无毒、低毒的代替物，因此，在生产过程中控制毒物的措施很重要，如采取密闭生产和局

部通风排毒的方法，减少接触毒物的机会。合理布局工序，将有害物质发生源布置在下风处。

▲做好个体防护，这是重要的辅助措施。个体防护用品包括防护帽、防护眼镜、防护面罩、防护服、呼吸防护器、皮肤防护用品等。毒物进入人体的门户，除呼吸道、皮肤外，还有口。因此，作业人员不要在作业现场吃东西、吸烟，下班后要洗澡，不要将工作服穿回家。

安全妙语"谨"上添花：

职业中毒要预防	防护装备勤穿戴
危害源头要记清	工作小心不放松
呼吸防护做到位	身体健康促生产

第三节　粉尘的危害及尘肺的预防

一、生产性粉尘从何而来

生产性粉尘是指在生产过程中形成的，并能长时间飘浮在作业场所空气中的固体颗粒。生产性粉尘来源非常之广，矿山开采、爆破，冶金工业中金属或矿石的切削、研磨，机械制造工业中的原料破碎、清砂，玻璃、水泥、陶瓷等工业的原料加工等，都可产生粉尘。这些工艺操作中主要产生无机性粉尘，包括矿物性粉尘（如石英、滑石、煤等）、金属性粉尘（如铅、锰、铁等）和人工无机性粉尘（如水泥、玻璃纤维等）。在皮毛、纺织、化学等工业的原料处理过程中会产生有机粉尘，包括动物性粉尘（如皮毛、骨粉等）、植物性粉尘（如棉、麻、面粉、木材等）和人工有机性粉尘（如炸药、人造纤维等）。

在生产环境中，以单一粉尘存在的情况较少，大多数情况下为两种以上粉尘混合存在。

二、粉尘引起的职业病

▲呼吸系统疾病。长期吸入不同种类的粉尘可导致不同类型的尘肺病或其他肺部疾患。我国按病因将尘肺病分为 13 种，并作为法定尘肺列入职业病目录，包括矽肺、煤工尘肺、石墨尘肺、碳黑尘肺、石棉肺、滑石尘肺、水泥尘肺、云母尘肺、陶工尘肺、铝尘肺、电焊工尘肺、铸工尘肺、其他尘肺。

▲中毒。吸入铅、锰、砷等粉尘，可导致全身性中毒。

▲呼吸系统肿瘤。石棉、放射性矿物、镍、铬等粉尘均可导致肺部肿瘤。

▲局部刺激性。如金属磨料可引起角膜损伤、浑浊，沥青粉尘可引起光感性皮炎等。

三、预防尘肺病的措施

▲消除或降低粉尘是预防尘肺病最根本的措施。通过革新生产设备、实现自动化作业，避免操作人员接触粉尘。采用湿式作业，可在很大程度上防止粉尘飞扬，降低作业场所粉尘浓度。对不能采用湿式作业的场所，应采取密闭抽风除尘的方法。

▲作业中接触粉尘的员工，在作业现场防尘、降尘措施难以使粉尘浓度降至符合作业场所卫生标准的条件下，一定要佩戴防尘用具。效果较好的有防尘安全帽、送风口罩等，适用于粉尘浓度较高的环境。在粉尘浓度较低的环境中，佩戴防尘口罩有一定的预防作用。

第四节　防止噪声与振动对人体健康的损害

一、噪声对人体健康的损害

噪声对人体的影响是多方面的。首先是对听觉器官的损害，长时间接触一定强度的噪声，会引起听力下降和噪声性耳聋。此外，对神经系统、心血管系统及全身其他器官也有不同程度的影响，可出现头痛、头晕、睡眠障碍等症状，长期接触较强的噪声可引起血压持续升高，还可导致胃肠功能紊乱、胃蠕动减慢等。

从安全方面来看，在噪声的干扰下，人们会感到烦躁、注意力不集中、反应迟钝，不仅影响工作效率，而且降低了对事故隐患的判断处理能力。在车间或矿井等作业场所，由于噪声的影响掩盖了异常信号或声音，故容易发生伤亡事故。

二、振动对人体健康的损害

根据振动对人体作用方式的不同，分为全身振动和局部振动。强烈的全身振动可使交感神经处于紧张状态，出现血压升高、心率加快、胃肠不适等症状。全身振动引起的这些功能性改变，在脱离振动环境和休息后，多能自行恢复。局部振动病或称手臂振动病，是由于长期接触过量的局部振动，引起手部末梢循环或手臂神经功能障碍。该病的典型表现是手指发白（白指症），并伴有麻、胀、痛的感觉，手心多汗。

三、防止噪声与振动危害的措施

▲消除或降低噪声、振动源。采用无声或低声设备代替发出强噪声的设备，如以焊接代替铆接、锤击成型改为液压成型等。机械设备应装在橡胶、软木上，避免与地板直接接触。工具的金属部件材质改用塑料或橡胶，以减弱因撞击而产生的噪声和振动。

▲控制噪声、振动的传播，如吸声、隔声、隔振、阻尼。

▲做好个人防护。如果作业场所的噪声、振动暂时不能得到有效控制，则加强个人防护是避免遭受危害的有效措施。如在高噪声环境中作业时，佩戴耳塞就是最便捷的防护方法，必要时应佩戴耳罩、帽盔。为防止振动病，作业场所要注意防寒保暖。振动性工具的手柄温度如能保持40℃，则对预防振动性白指有较好的效果。合理使用个人防护用品，特别是防振手套、减振座椅等。

第五节　对电磁辐射的防护

一、射频辐射对人体健康的影响

接触射频辐射的作业有金属的热处理、表面淬火、金属熔炼等，无屏蔽的高频输出变压器是一个主要辐射源。食品、皮革、茶叶等用微波加热炉进行热处理，操作人员有可能接触微波辐射。

生产过程中接触的通常为低强度慢性辐射，对神经系统、眼睛及心血管系统有一定的影响，可引起中枢神经和植物神经功能紊乱。长期接触高强度微波的员工，可加速晶状体老化过程，引起视网膜病变。对心血管系统的影响主要是心动过缓、血压下降等。

二、红外线辐射对人体健康的影响

自然界中的红外线辐射源以太阳为最强，基建工地、搬运等露天作业，夏季红外线辐射强度很大。生产中接触红外线辐射源的作业有金属加热、熔融玻璃等，炼钢工、轧钢工、铸造工、玻璃熔吹工、烧瓷工等可受到红外线辐射。

红外线对人体的影响主要是眼睛和皮肤。长期受炉火或加热红外线辐射，可引起白内障。白内障造成视力下降，一般两眼同时发生。职业性白内障已列入职业病目录，如玻璃工的白内障多发生在工龄较长的员工中。皮肤受红外线长期照射，局部可出现色素沉着。

三、激光对人体健康的影响

激光也称电磁波，目前使用的各种激光属于非电离辐射。激光之所以被广泛应用，主要是因为它具有辐射能量集中的特点。

生产中主要用于金属和塑料部件的切割、打孔、微焊等。

激光对人体的影响主要是它的热效应和光化学效应造成的机械性损伤。眼部受激光照射后，可突然出现眩光感，视力模糊或眼前出现固定黑影，甚至视觉丧失。激光还可对皮肤造成损伤，轻度损伤表现为红斑反应和色素沉着；照射剂量大时，可出现水疱和皮肤溃疡。

四、电离辐射及其引起的职业病

凡能直接或间接引起物质电离的辐射，称为电离辐射。其中α、β 等带电粒子能直接引起物质电离，称为直接电离辐射。γ光子、中子等非带电粒子不能直接使物质电离，称为非直接电离辐射。随着核工业的发展，核原料的勘探、开采、冶炼，核燃料及反应堆的生产、使用，放射性核元素在工业、农业、医学诊断中的应用，接触电离辐射的人员也日益增多。

电离辐射引起的职业病称为放射病，有急性放射病和慢性放射病两种。急性放射病是短期内一次或多次受到大剂量照射而引起的全身性病变，多见于核能和放射装置应用中的意外事故或由于防护条件较差所致职业性损伤。主要引起骨髓等造血系统损伤，也有发生肠麻痹、肠梗阻的情况。慢性放射病是长时期受到超限值剂量照射所引起的全身性损伤，多发生于防护条件不佳的外照射工作场所。一般出现头痛、疲乏无力、记忆力下降等症状，并伴有消化系统障碍。

除全身性放射病外，电离辐射还可造成局部放射性皮炎和放射性白内障。

五、如何有效防护非电离辐射

由于电磁场辐射源所产生的场能随距离的增大而减弱，因此在不影响操作的前提下尽量远离辐射源。避免在辐射流的正前方作业，可有效防止微波辐射。为防止辐射线直接作用于人体，合理地使用劳动防护用品是十分重要的。穿着金属防护服可防止射频辐射；穿着微波屏蔽服、红外线防护服以及佩戴防护帽、防护眼镜等可防止微波、红外线辐射。激光和红外线防护的重点是对眼睛的保护，除佩戴防护眼镜外，还要定期检查眼睛。

六、如何有效防护电离辐射

作业人员要熟悉操作程序和安全操作规程，工作前应认真做好各项准备，如熟悉所用辐射性元素的放射强度。工作结束后应及时清理用具，清除放射性污染物。离开作业场所时应洗手或沐浴。正确使用劳动防护用品，如穿戴工作服、防护眼镜、口罩、面罩等。在放射性工作场所内严禁饮食、喝水、抽烟和存放食品。

安全妙语“谨”上添花：

电磁辐射看不见　　防护用品省不得
工作格外要注意　　作业场所禁饮食
改善作业新环境　　确保安全靠规章

第六节 劳动防护用品

一、劳动防护用品的定义

由生产经营单位为从业人员配备的，使其在劳动过程中免遭或者减轻事故伤害及职业危害的个人防护装备。使用劳动防护用品，是保障从业人员人身安全与健康的重要措施，也是保障生产经营单位安全生产的基础。

二、劳动防护用品的分类

1. 按防护性能分类

按劳动防护用品的防护性能分类，可分为特种劳动防护用品和一般劳动防护用品两大类。

▲特种劳动防护用品分为以下六类：

（1）头部护具类。

（2）呼吸护具类。

（3）眼（面）部护具类。

（4）防护服类。

（5）防护鞋类。

（6）防坠落护具类。

▲一般劳动防护用品。未列入特种劳动防护用品目录的劳动防护用品为一般劳动防护用品，如一般工作服、手套等。

2. 按防护部位分类

按劳动防护用品的防护部位分类，可分为以下八类：

（1）头部防护用品。包括各种头部防护帽，如一般防护帽、安全帽等。

（2）呼吸器官防护用品。防御有害气体、粉尘吸入呼吸道，如防尘口罩、防毒口罩等。

（3）眼（面）部防护用品。预防烟尘、尘粒、金属火花和飞屑、热、电磁辐射、激光、化学飞溅等伤害眼睛和面部，如焊接护目镜和面罩、炉窑护目镜和面罩等。

（4）听觉器官防护用品。预防听力损失、噪声，能防止过量声能侵入耳道，如耳塞、防噪声头盔等。

（5）手部防护用品。如一般防护手套、防静电手套、绝缘手套、防振手套、防切割手套等。

（6）足部防护用品。如防静电鞋、防刺穿鞋、耐酸碱鞋、电绝缘鞋等。

（7）躯干防护用品。包括一般防护服、阻燃服、防静电服、防高温服、防电磁辐射服、水上救生衣等。

（8）护肤用品。主要用于面部、手部等外露部分，如防毒、防腐、防射线、防油漆的护肤品等。

3. 按用途分类

按劳动防护用品的用途分类，可分为以下两类：

（1）按防止伤亡事故的用途可分为：防坠落用品、防冲击用品、防触电用品、防机械外伤用品、耐酸碱用品、耐油用品、防水用品、防寒用品等。

（2）按预防职业病的用途可分为：防尘用品、防毒用品、防噪声用品、防振动用品、防辐射用品、防高低温用品等。

三、劳动防护用品的配备

▲《安全生产法》第三十七条规定："生产经营单位必须为从业人员提供符合国家标准或者行业标准的劳动防护用品，并监督、教育从业人员按照使用规则佩戴、使用。"

▲《职业病防治法》规定："用人单位必须为劳动者提供个人使用的职业病防护用品。"

▲2008年，我国修订并颁布了《个体防护装备选用规范》（GB/T 11651—2008）国家标准，为选用劳动防护用品提供了依据。正确选用优质的劳动防护用品是保证劳动者安全与健康的前提，选用的基本原则是：

（1）根据国家标准、行业标准或地方标准选用。

（2）根据生产作业环境、劳动强度以及生产岗位接触有害因素的存在形式、性质、浓度（或强度）和劳动防护用品的防护性能进行选用。

（3）穿戴要舒适方便，不影响工作。

▲用人单位发放劳动防护用品的具体责任：

（1）用人单位应根据工作场所中的职业危害因素及其危害程度，按照法律、法规、标准的规定，为从业人员免费提供符合国家规定的劳动防护用品。不得以货币或其他物品替代应当配备的劳动防护用品。

（2）用人单位应到定点经营单位或生产企业购买特种劳动防护用品。特种劳动防护用品必须具有“三证”和“一标志”，即生产许可证、产品合格证、安全鉴定证和安全标志。购买的特种劳动防护用品须经本单位安全管理部门验收，并应按照特种劳动防护用品的使用要求，在使用前对其防护功能进行必要的检查。

（3）用人单位应教育从业人员按照劳动防护用品的使用规则和防护要求正确使用劳动防护用品，使职工做到“三会”：会检查劳动防护用品的可靠性，会正确使用劳动防护用品，会正确维护保养劳动防护用品。用人单位应定期进行监督检查。

（4）用人单位应按照产品说明书的要求，及时更换、报废过期和失效的劳动防护用品。

（5）用人单位应建立健全劳动防护用品购买、验收、保管、发放、使用、更换、报废等管理制度和档案，并进行必要的监督检查。

安全妙语“谨”上添花：

配备劳动防护品　　三证一标要齐全
生产合格是关键　　正确使用才有效

第五章

事故应急定预案 现场救援熟于心

第一节　事故应急基本常识

一、事故应急救援的基本任务

事故应急救援的总目标是通过有效的应急救援行动，尽可能地降低事故后果，包括人员伤亡、财产损失和环境破坏等。

事故应急救援的基本任务包括：

▲ 立即组织营救受害人员，组织撤离或者采取其他措施保护危害区域内的其他人员。

抢救受害人员是应急救援的首要任务。

在应急救援行动中，快速、有序、有效地实施现场急救和安全转送伤员，是降低伤亡率、减少事故损失的关键。

▲ 迅速控制事态，并对事故造成的危害进行检测、监测，测

定事故的危害区域、危害性质及危害程度，及时控制所造成事故的危险源是应急救援工作的重要任务。

▲ 消除危害后果，做好现场恢复。

针对事故造成的现实危害和可能的危害，迅速采取封闭、隔离洗消、监测等措施，防止继续危害。将现场恢复到相对稳定的状态。

▲ 查清事故原因，评估危害程度。

安全妙语"谨"上添花：

应急救援总目标　控制事态很重要
降低事故避损失　消除危害除隐患

二、事故应急救援的特点

▲ 不确定性和突发性。这是各类公共事故、灾害与事件的共同特征。

▲ 应急活动的复杂性。主要表现为事故、灾害或事件影响因素与演变规律的不确定性和不可预见的多边性，以及现场处置措施的复杂性。

▲ 后果、影响易猝变、激化和放大。各类公共事故、灾害与事件虽然是小概率事件，但后果一般比较严重，应急处理稍有不慎，就可能使后果、影响发生猝变、激化和放大。

应急工作由于具有上述特点，因此决定了应急救援行动必须做到迅速、准确和有效。

▲迅速，要求建立快速应急响应机制，迅速、准确地传递事故信息，迅速地调集所需的大规模应急力量和设备、物资等资源，迅速地建立起统一指挥与协调系统，开展救援活动。

▲准确，相应的应急决策机制能基于事故的规模、性质、特点、现场环境等信息，正确地预测事故的发展趋势，准确地对应急救援行动和战术进行决策。

▲有效，应急救援行动的有效性在很大程度上取决于应急准备工作充分与否。

第二节　应急救援与救护技能

一、中毒窒息的救护

发生中毒窒息事故后，救援人员首先要做好预防工作，避免成为新的受害者。具体可按照下列方法进行抢救：

▲救护人员在进入危险区域前必须戴好防毒面具、自救器等防护用品，必要时也应给中毒者戴上，迅速将中毒者小心地从危险环境转移到一个安全的、通风的地方。如果要从一个有限的空间，如深坑或地下某个场所施救，应发出报警以求帮助，单独进入危险地方帮助他人时，可能导致两人都受伤。如果伤员失去知觉，可将其放在毛毯上提拉，或抓住衣服，头朝前转移出去。

▲加强全面通风或局部通风，用大量新鲜空气对车间工作地点有毒有害气体浓度进行稀释冲淡，以达到或接近卫生标准。

▲如果是一氧化碳中毒，中毒者还没有停止呼吸，则脱去中毒者被污染的衣服，松开领口、腰带，使中毒者能够顺畅地呼吸新鲜空气，也可以让中毒者闻氨水解毒。如果呼吸已停止，但心脏还在跳动，则应立即进行人工呼吸，同时针刺人中穴。若心脏跳动也已停止，应迅速进行心脏胸外按压，同时进行人工呼吸。

▲对于硫化氢中毒者，在进行人工呼吸之前，要用浸透食盐溶液的棉花或手帕盖住中毒者的口鼻。

▲如果是瓦斯或二氧化碳窒息，情况不太严重时，可把窒息者转移到空气新鲜的场所稍作休息。若窒息时间较长，则要进行人工呼吸抢救。

▲如果毒物污染了眼部、皮肤，应立即用水冲洗。对于口服毒物的中毒者，应设法催吐，简单有效的办法是用手指刺激舌根。对腐蚀性毒物中毒者，可口服牛奶、蛋清、植物油等进行保护。

救护过程中，抢救人员一定要沉着冷静，动作要迅速。对任何处于昏迷或不清醒状态的中毒者，必须尽快将其送往医院进行诊治，如有必要，还应有一位能随时给中毒者做人工呼吸的人员同行。

安全妙语“谨”上添花：

中毒过程很迅速　竭尽全力来援助
现场急救抢时间　有备无患速救援
了解急救小常识　关键时刻大有用

二、触电的救护

1．触电伤员施救要及时

当通过人体的电流强度接近或达到致命电流时，触电伤员会出现神经麻痹、血压下降、呼吸中断、心脏停止跳动等征象，外表呈现昏迷不醒的状态，同时面色苍白、口唇紫绀、瞳孔扩大、肌肉痉挛，呈全身性电休克所致的假死状态。这样的伤员必须立即在现场进行心肺复苏抢救。有资料表明，触电后 1 min 开始救治者，90% 有良好效果。触电后 6 min 内开始救治者，50% 可能复苏成功。触电后 12 min 再开始救治，救活的可能性很小。

2．如何帮助低压触电者脱离电源

人体触电以后，可能由于痉挛、失去知觉或中枢神经失调而紧抓带电体，因此不能自行脱离电源。此时，使触电者尽快脱离电源是救治触电者的首要条件。

▲如果电源开关或电源插头在触电地点附近，可立即断开开关或拔出插头以切断电源。需要注意的是，由于拉线开关和平开关只控制一根线，如错误地安装在工作零线上，则断开开关只能切断负荷而不能切断电源。

▲如果电源开关或电源插头不在触电地点附近，可用带绝缘柄的电工钳或用带干燥木柄的斧头切断电源，也可将干木板等绝缘物插入触电者身下，隔断电流。

▲如果电线搭落在触电者身上或被压在身下，可用干燥的木棒、木板、绳索、手套等绝缘物作为工具，拉开触电者或挑开电线。

3．如何帮助高压触电者脱离电源

▲立即通知有关部门停电。

▲戴上绝缘手套，穿上绝缘靴，用相应电压等级的绝缘工具断开开关。

▲如果事故发生在线路上，可抛掷裸金属线使线路短路接地，迫使保护装置动作，切断电源。抛掷金属线前，一定要将金属线一端可靠接地，再抛掷另一端。被抛出的一端不可触及触电者和其他人员。

4．对触电者进行现场急救

触电者脱离电源后，应根据触电者的具体情况，迅速地加以救治。

▲如果触电者伤势不重、神志清醒，但有些心慌、四肢麻木、全身无力，或触电者曾一度昏迷，但已清醒过来，应让触电者安静地休息，注意观察并请医生前来治疗。

▲如果触电者伤势较重，已经失去知觉，但心脏跳动和呼吸尚未停止，应让触电者安静地平卧，解开其紧身衣服以利呼吸，保持空气流通。若天气寒冷，则注意保暖。严密观察触电者情况，速请医生治疗或送往医院。

▲如果触电者伤势严重，心脏跳动或呼吸已停止，应立即进行口对口人工呼吸或胸外心脏按压急救。若两者都已停止，则应同时进行口对口人工呼吸和胸外心脏按压急救，并速请医生治疗或送往医院。在送往医院的途中，不能停止急救。

▲若触电的同时发生外伤，应根据情况酌情处理。对于不危及生命的轻度外伤，可以在触电急救之后进行处理。对于严重的外伤，在实施口对口人工呼吸和胸外心脏按压的同时进行处理，如伤口出血，应予以止血并进行包扎，以防感染。

5. 触电救护时要注意的问题

▲救护人员切不可直接用手、其他金属或潮湿的物件作为救

护工具，而必须使用干燥绝缘的工具。救护人员最好只用一只手操作，以防自己触电。

▲为防止触电者脱离电源后可能摔倒，应准确判断触电者倒下的方向，特别是触电者身在高处的情况下，更应采取防摔措施。

▲人体触电后，有时会有较长时间的“假死”现象，因此，救护人员应耐心地进行抢救，不可轻易中止。但切不可给触电者注射强心针。

▲人体触电后，即使触电者表面所受伤害看起来不严重，也必须接受医生的诊治，因为身体内部可能会有严重的烧伤。

安全妙语“谨”上添花：

触电救援要及时　　现场抢救须对症
尽快脱离危险源　　方能救人保平安

三、烧伤的救护

烧伤是指各种热力、化学物质、电流及放射线等作用于人体后造成的特殊损伤，重者可危及生命，而有幸保住生命者往往也会遗留下严重的瘢痕和残疾。

1. 化学烧伤的救护

化学物质对人体组织有热力、腐蚀致伤等作用，一般称为化学烧伤。其烧伤程度取决于化学物质的种类、浓度和作用持续时间。常见的化学烧伤有碱烧伤和酸烧伤。常见的化学烧伤的救护方法如下：

▲生石灰烧伤。迅速清除石灰颗粒，用大量流动的、洁净的冷水冲洗至少 10 min 以上，尤其是眼部烧伤，更应彻底冲洗。切忌将受伤部位用水浸泡，防止生石灰遇水产生大量热量而加重烧伤程度。

▲磷烧伤。迅速清除磷以后，用大量流动的、洁净的冷水冲洗至少 10 min 以上。然后用 5% 碳酸氢钠或苏打水湿敷创面，使创面与空气隔绝，防止磷在空气中氧化燃烧而加重烧伤程度。

▲强酸烧伤。强酸包括硫酸、盐酸、硝酸等。出现皮肤烧伤情况后，应立即用大量清水冲洗至少 10 min（除非另有说明）。如果衣服被污染，应立即脱掉或将污染部位撕掉，同时用大量清水冲洗，还可用 4% 碳酸氢钠或 2% 苏打水冲洗中和。

若眼部烧伤，首先采取简易的冲洗方法，即用手将患眼撑开，把面部浸入清水中，将头轻轻摇动，冲洗时间不低于 20 min。切忌用手或手帕揉擦眼睛，以免增加创伤面积。

吸入性烧伤可出现咳血性泡沫痰、胸闷、流泪、呼吸困难、肺水肿等症状。此时要注意保持呼吸道畅通，可雾化吸入 2% ~ 4% 碳酸氢钠。

消化道烧伤后，上腹部剧痛，呕吐大量褐色物及食道、胃黏膜碎片。此时可口服牛奶、蛋清、豆浆、食用植物油等任意一种，每次 200 mL，以保护消化道黏膜。严禁催吐或洗胃，也不得口服碳酸氢钠，以免因产生大量的二氧化碳而导致穿孔。

▲强碱烧伤。强碱包括氢氧化钠、氢氧化钾、氧化钾等。皮肤烧伤需用大量清水彻底冲洗创面，直到皂样物质消失为止，也可用食醋或 2% 醋酸冲洗中和或湿敷。

眼部烧伤至少用清水冲洗 20 min 以上。严禁用酸性物质冲洗眼睛，可在清水冲洗后点眼药水。

误服强碱后，立即口服食醋、柠檬汁以起到中和作用，也可口服牛奶、蛋清、豆浆、食用植物油等任意一种，每次 200 mL，以保护消化道黏膜。严禁催吐或洗胃。

需要注意的是，严重烧伤早期应及时给伤员补充体液，防止休克。最好口服烧伤饮料、含盐饮料，少量多次饮用。不要单纯地喝白水、糖水，更不可一次饮水过多。

2. 热烧伤的救护

火焰、开水、蒸汽、热液体或固体直接接触人体所引起的烧伤，都属于热烧伤。其烧伤程度取决于作用物体的温度和作用持续的时间。严重烧伤是很危险的，急性期要过三关：休克关、感染关、室息关。后期还需进行整形植皮，严重烧伤者需施行几十次手术，最终也很难恢复到烧伤前的外形和功能。热烧伤的救护方法如下：

▲轻度烧伤，尤其是不严重的肢体烧伤，应立即用清水冲洗或将患肢浸泡在冷水中 10 ~ 20 min。如不方便浸泡，可用湿毛巾或布单盖住患部，然后浇冷水，以使伤口尽快冷却降温，减轻热力引起的损伤。穿着衣服的部位烧伤严重，不要先脱衣服，否则易使烧伤处的水疱皮一同撕脱，造成伤口创面暴露，增加感染机会。正确的做法是：立即朝衣服上面浇冷水，待衣服局部温度快速下降后，再轻轻脱去衣服或用剪刀剪开褪去衣服。

▲若烧伤处已有水疱形成，小的水疱不要随便弄破，大的水疱应到医院处理或用消毒过的针刺一小孔排出疱内液体，以免影响创面修复，增加感染机会。

▲烧伤创面一般不做特殊处理，不要在创面上涂抹任何有刺激性的液体或不洁净的粉剂或油剂，只需保持创面及周围清洁即可。较大面积烧伤用清水冲洗后，最好用干净纱布或布单覆盖创面，并尽快送往医院治疗。

▲由火灾引起烧伤时，伤员身上烧着的衣服如果一时难以脱下，可让伤员卧倒在地滚压灭火，或用水浇灭火焰。切勿带火奔跑或用手拍打，否则可能导致火势扩大，造成手部烧伤。也不可在火场大声呼喊，以免造成呼吸道烧伤。要用湿毛巾捂住口鼻，以防烟雾吸入导致窒息或中毒。

▲重要部位烧伤后，抢救时要特别注意。如头面部被烧伤，常极度肿胀，且容易引起继发性感染，导致形态改变、畸形和功能障碍。呼吸道烧伤，如吸入热气流会导致呼吸道黏膜充血水肿，严重者甚至黏膜坏死、脱落，导致气道阻塞。吸入火焰烟雾或化学蒸气烟雾，会使支气管痉挛，肺充血水肿，降低通气功能而造成呼吸窘迫。由于呼吸道烧伤属于内脏烧伤，容易漏诊而延误抢救时机，以致造成早期死亡。因此，要密切观察伤员有无进展性呼吸困难，并及时送往医院做进一步诊断治疗。

3．电烧伤的救护

电烧伤是电能转化成热能造成的烧伤。由于电能的特殊作用，电烧伤所造成的软组织损伤是不规则的立体烧伤，烧伤创面小、基底大而深，不能单纯地用烧伤部位面积来衡量烧伤程度，而应该同时注意其深度及全身情况。

电烧伤有两种情况：一种是接触性电烧伤，又称电灼伤，是人体与带电体直接接触，电流通过人体时产生热效应的结果。人体与带电体的接触面积一般较小，电流密度可达很大的数值，又因皮肤电阻较体内电阻大许多倍，故在接触处产生很大的热量，致使皮肤灼伤。另一种是电弧烧伤，电气设备电压较高时产生的强烈电弧或电火花，瞬间温度可达 2 500 ~ 3 000℃，可烧伤人体，甚至击穿人体的某一部位，从而使电弧电流直接通过人体内部组织或器官，造成深部组织坏死。

电烧伤后体表一般有一个入口和相应的出口，且入口比出口损伤严重。电弧烧伤一般不会引起心脏纤维性颤动，更为常见的是人体由于呼吸麻痹而死亡，故抢救时应先进行呼吸复苏。有神志障碍者，头部可戴冰帽或用冰袋冷敷。

安全妙语"谨"上添花：

各种烧伤伤害大　　平时准备急救箱
紧急救护要求高　　关键时刻显奇效